山东省海洋科学与技术领域发展报告

SHANDONG PROVINCE'S DEVELOPMENT REPORT
ON MARINE SCIENCE AND TECHNOLOGY

李海波 胡志刚 陈 娜 等◎著

U0220718

科学出版社

北 京

内 容 简 介

作为海洋科学与技术人才强省，山东省大力推进海洋强省建设，积极培育海洋装备制造、海洋工程、海洋生物医药等领域的科技创新。本书通过翔实的数据和生动的图谱，系统分析了海洋科学与技术领域的研究主题和创新主体，全面展示了国内外尤其是山东省在海洋科学与技术各领域的机构和人才分布，准确识别山东省在海洋科学与技术领域的特征和优势。

本书适合海洋科学与技术领域的科研工作者和科技政策制定者阅读。

图书在版编目（CIP）数据

山东省海洋科学与技术领域发展报告 / 李海波等著. —北京：科学出版社，2022.9
ISBN 978-7-03-072595-0

Ⅰ.①山… Ⅱ.①李… Ⅲ.①海洋学-技术发展-研究报告-山东
Ⅳ.①P7

中国版本图书馆 CIP 数据核字（2022）第 108411 号

责任编辑：朱萍萍 刘巧巧 / 责任校对：韩 杨
责任印制：徐晓晨 / 封面设计：有道文化

科 学 出 版 社 出版
北京东黄城根北街 16 号
邮政编码：100717
http://www.sciencep.com

北京虎彩文化传播有限公司 印刷
科学出版社发行 各地新华书店经销
*
2022 年 9 月第 一 版　开本：720×1000　1/16
2022 年 9 月第一次印刷　印张：11
字数：162 000
定价：88.00 元
（如有印装质量问题，我社负责调换）

P 前　言
PREFACE

　　21 世纪是海洋的世纪。海洋事业关系民族生存发展状态，关系国家兴衰安危。我国作为海洋大国，海域面积十分辽阔，海洋资源非常丰富。在党的十八大上，党中央首次作出了建设海洋强国的重大部署。围绕这一战略目标，习近平总书记发表了一系列重要讲话，系统论述了战略的重要意义、行动方向和具体路径，形成了逻辑严密、科学严谨的海洋强国建设思想，为我们在新时代发展海洋事业提供了理论保障和行动指南。

　　向海图强，山东省当仁不让。作为海洋经济综合实力稳居全国前列的海洋大省，山东省一直非常重视经略海洋，向海洋要质量、要效益、要发展。习近平总书记非常关心山东省的海洋发展。2013 年 11 月，习近平总书记在山东省视察工作时提出，要充分利用沿海的独特地理优势，努力塑造开放型经济发展新优势。2018 年 3 月 8 日，习近平总书记在参加十三届全国人大一次会议山东代表团审议时指出："海洋是高质量发展战略要地。要加快建设世界一流的海洋港口、完善的现代海洋产业体系、绿色可持续的海洋生态环境，为海洋强国建设作出贡献。"①同年 6 月 12 日，习近平总书记考察了青岛海洋科学与技术试点国家实验室，并且指出"海洋经济、海洋科技将来是一个重要主攻方向，从陆域到海域都有我们未知的领域，有很大的潜力"。

---

　　①　习近平李克强王沪宁赵乐际韩正分别参加全国人大会议一些代表团审议. http://jhsjk.people.cn/article/29857100.

"发展海洋经济、海洋科研是推动我们强国战略很重要的一个方面，一定要抓好。"①

为深入贯彻落实习近平总书记关于"要更加注重经略海洋"重要指示，山东省以"坚持陆海统筹，加快建设海洋强国"为己任，组织实施建设海洋强省战略实践。2018年5月，山东省印发了《山东海洋强省建设行动方案》，从行动方向、行动目标、陆海空间布局、行动重点、深化改革及组织实施等方面对海洋强省建设进行了全面部署，深入实施包括海洋科学与技术创新行动等在内的"十大行动"。当前，山东省在海洋渔业、海洋生物医药、海洋电力、海洋交通运输等多个产业中居全国第一位，海洋经济发展优势明显，逐步成为我国经略海洋的领军者。

在海洋科学与技术创新领域，山东省的先发优势更加突出。山东省拥有全国唯一一个海洋科学与技术领域的国家实验室，以及国家深海基地、中国科学院海洋大科学研究中心等科研"重镇"；聚集着全国近一半的海洋科学与技术人才，包括占全国1/3的海洋领域院士。近年来，山东省把创新驱动发展作为核心战略，以山东半岛国家自主创新示范区为载体，整合涉海高校、科研机构和科学考察平台等创新资源，基本形成以青岛海洋科学与技术试点国家实验室为龙头，以中国海洋大学、国家深海基地、自然资源部第一海洋研究所、中国科学院海洋大科学研究中心等"国字号"海洋教学与科研力量为支撑的区域性海洋自主创新体系，一批涉海关键技术和重大项目建设取得突破，部分领域实现从"跟跑"到"领跑"的跨越，国际竞争力大幅提升。

为了全面、系统地展现山东省在海洋科学与技术领域的科研布局和发展态势，书中利用文献计量学和科学知识图谱的方法，对山东省在海洋科学与技术领域的学术论文发表和专利申请授权情况进行了分析、解读，并通过与国外和国内相关研究的对比，客观、直观地展现山东省海洋科学与技术领域的研究主题、科研机构和科研人才。

_____

① 习近平：建设海洋强国，我一直有这样一个信念. http://jhsjk.people.cn/article/30053733.

　　本书是由李海波教授所领衔的山东省产业科技创新图谱研究团队完成的最新研究成果。多年来，团队一直致力于科技与人才规划相关的研究。从2018年开始，团队组建了由近100位省内各领域知名专家组成的联合科研团队，在全省范围内开展山东省重点产业人才创新图谱研究工作，旨在辨识山东省重点产业技术创新未来重点方向、产业科技人才分布情况。通过大量实地调研、座谈研讨，深入高校院所、企业和创新园区等实践一线获取了大量一手资料，并借助科学计量学、大数据分析、科学知识图谱等先进技术方法与手段，最终绘制完成了山东省重点产业人才图谱，形成了一系列图文并茂、内容翔实的研究报告。2020年，报告入选中国科学技术协会评选的"全国十佳调研报告"，为山东省的人才规划和科技智库建设做出了较大贡献。

　　本书是这一系列研究成果中的海洋项目部分，项目负责人李海波教授负责总体策划、框架设计和终稿的审核工作，胡志刚副教授负责文献检索、数据处理和图谱绘制，陈娜、李文强、张元波、高婷等参与了本书初稿撰写及内容审核工作，尹丽春教授提供了方法指导。大连理工大学科学学与科技管理研究所的田文灿、王欣、张琬笛、郭佳程等参与了研究项目的实施和本书初稿的撰写。最后还要感谢科学出版社朱萍萍编辑细致而负责的审校工作，她的辛苦付出为本书的最终呈现增色不少。

山东省产业科技创新图谱研究团队

2021年9月

C目录
CONTENTS

第一章

创新海洋科学技术，建设海洋强国

第一节　从经略陆地到经略海洋

21世纪是海洋的世纪。纵观世界经济发展的历史，就是由内陆走向海洋的历史、由封闭走向开放的历史。我国自古就是一个世界陆地大国，先辈们正是在广袤而富饶的陆地上开创了中华文明。改革开放以来，中国人民同样依靠陆地创造了经济社会快速发展的伟大成就。不过必须认识到的是，我国既是陆地大国，也是海洋大国。作为一个海洋大国，我国拥有1.8万千米大陆海岸线、300万平方千米的海洋国土面积，全国海洋经济生产总值接近国内生产总值的10%，未来还有很大的增长空间。党的十八大以来，习近平总书记高度重视海洋事业发展，一再强调要关心海洋、认识海洋、经略海洋。2018年3月8日，在参加十三届全国人大一次会议山东代表团审议时，习近平总书记指出："海洋是高质量发展战略要地。要加快建设世界一流的海洋港口、完善的现代海洋产业体系、绿色可持续的海洋生态环境，为海洋强国建设作出贡献。"①

党的十八大后，习近平总书记正式提出了海洋强国战略，就海洋强国建设的重要地位、指导思想、重点内容、方法途径等做了系统论述。2013 年 7 月 30 日，中共中央政治局就建设海洋强国进行第八次集体学习，开宗明义地指出要进一步关心海洋、认识海洋、经略海洋。习近平总书记还点明了全面经略海洋的"四个转变"："要提高海洋资源开发能力，着力推动海洋经济向质量效益型转变；要保护海洋生态环境，着力推动海洋开发方式向循环利用型转变；要发展海洋科学技术，着力推动海洋科技向创新引领型转变；要维护国家海洋权益，着力推动海洋维权向统筹兼顾型转变。"②

在党的十九大报告中，习近平总书记明确要求"坚持陆海统筹，加快建设海洋强国"，并提出了通过加快发展海洋经济、保护海洋环境、创新海洋科技、海上丝路合作、维护海洋权益等实现海洋强国的目标③。2018 年 4 月，在庆祝海南建省办经济特区 30 周年大会上，习近平总书记用很大的篇幅阐述海洋强国战略。他说："我国是海洋大国，党中央作出了建设海洋强国的重大部署。海南是海洋大省，要坚定走人海和谐、合作共赢的发展道路，提高海洋资源开发能力，加快培育新兴海洋产业，支持海南建设现代化海洋牧场，着力推动海洋经济向质量效益型转变。"④ 这一讲话虽然面向地方，但是对全国沿海地区的发展和转型同样具有重要的指导意义。

无论是从历史上看人类最初认识自己所生活的地球、在"大航海时代"认识自然世界，还是从现实中看当前世界各国对蓝色大海资源的深入探索、开发、利用甚至是争夺，发展海洋科学与技术都是一个具有重要意义的战略发展方向。从经略陆地到经略海洋，是中国必须要走的关键一步。

---

① 习近平李克强王沪宁赵乐际韩正分别参加全国人大会议一些代表团审议. http://jhsjk. people.cn/article/29857100.

② 习近平：进一步关心海洋认识海洋经略海洋 推动海洋强国建设不断取得新成就. http://jhsjk.people.cn/article/22402107.

③ 习近平在中国共产党第十九次全国代表大会上的报告. http://jhsjk.people.cn/article/29613660.

④ 习近平：在庆祝海南建省办经济特区 30 周年大会上的讲话. http://jhsjk.people.cn/article/29925838.

第二节　从海洋大国到海洋强国

我国是一个海洋大国，但还不是海洋强国。过去几十年，我国海洋经济发展总体呈现平稳态势，海洋生产总值由 2006 年的约 2 万亿元，增长到 2019 年的 8.9 万亿元，连续 6 年平均增速 7.5%，高于同期国民经济增长速度。预计到 2025 年，我国海洋生产总值将达到 13 万亿元。我国海洋产业体系也日趋完善，结构优化调整成效显著，海洋三次产业结构由 2010 年的 5.1∶47.8∶47.1 调整为 2019 年的 4.2∶35.8∶60.0。海洋新兴产业已成为海洋经济发展的新热点。但同时，我国海洋经济总体开发利用层次不高，海洋生产总值占国内生产总值的比重始终徘徊于 9.3% 左右，而发达经济体占比一般在 20% 以上。海洋经济发展不平衡、不协调、不可持续问题依然存在，传统海洋产业仍占据主导地位，新兴产业基础薄弱、占比不高，对深海、极地资源的研究和开发能力尚存不足。[①]

2012 年是我国海洋事业发展的一个重要节点。这一年，党的十八大作出了建设海洋强国的重大战略部署。2017 年，党的十九大进一步强调"坚持陆海统筹，加快建设海洋强国"。习近平总书记指出："要着眼于中国特色社会主义事业发展全局，统筹国内国际两个大局，坚持陆海统筹，坚持走依海富国、以海强国、人海和谐、合作共赢的发展道路，通过和平、发展、合作、共赢方式，扎实推进海洋强国建设。"[②]党中央的战略部署和习近平总书记的一系列重要论述，标志着我国经略海洋的战略步入新纪元，呈现出前所未有的新局面。

---

① 国家发展和改革委员会，自然资源部.中国海洋经济发展报告2020.北京：海洋出版社，2020.

② 习近平在中国共产党第十九次全国代表大会上的报告. http://jhsjk.people.cn/article/29613660.

海洋是高质量发展战略要地。现代化的海洋经济是建设海洋强国的重要支撑。我国要着力改变海洋经济粗放发展的现状，走高质量发展之路，进一步提高海洋开发能力，优化海洋产业结构，构建现代海洋产业体系；要调整近岸海域国土空间布局，拓展蓝色经济空间，推动海洋经济由近岸海域向深海远洋极地延伸，提高海洋经济对国民经济的贡献率，更好地保障国家能源、食物、水资源等安全；要加快构建完善的现代海洋产业体系，必须顺应海洋产业体系发展新趋势，加快建立现代海洋产业集群，推动海洋经济实现从量到质的跃升；加快建设绿色可持续的海洋生态环境。

海洋生态文明建设是国家生态文明建设的重要组成部分，功在当代、利在千秋。我国要更加突出生态文明建设，坚持人与自然和谐共生、开发和保护并重、污染防治和生态修复并举，尊重海洋、顺应海洋、保护海洋，维护海洋自然再生产能力，严格保护、科学开发利用海洋资源，推动海洋开发方式向循环利用型转变，守护好蓝色家园，构建美丽和谐之海。建设世界海洋强国必须牢固树立并切实践行"绿水青山就是金山银山"的理念，建设绿色可持续的海洋生态环境，坚持把环境约束转化为绿色机遇，构建科技含量高、资源消耗低、环境污染少的产业结构和生产方式，加快发展海洋资源综合利用、海洋新能源、海洋环保等绿色新兴产业。

第三节　我国的海洋强国之路

在习近平总书记关于海洋强国的战略中，创新海洋科技是建设海洋强国的关键和要害。提高海洋资源开发能力，发展海洋经济，海洋科技就是中国这艘巨轮挺进深海的动力和风帆。在国家层面，我国历来十分重视海洋科学与技术的发展。早在 1956 年 1 月，国务院提出"向科学进军"口号时，就将海洋科学与技术列入了国家科学技术发展规划中，并据此出台了《1956—1967年科学技术发展远景规划》，之后又相继出台了《1963—1972年科学技术发展规划纲要》《九十年代中国海洋政策和工作纲要》《海洋技术政策要点》等重要纲领性文件，促进了我国海洋科技的快速发展。

党的十八大以来，习近平总书记多次对海洋科技进行论述，形成了非常系统的海洋科学思想。总结起来，可以分为以下三点：第一，依靠海洋科技。他强调，建设海洋强国必须大力发展海洋高新技术，要依靠科技进步和创新，努力突破制约海洋经济发展和海洋生态保护的科技瓶颈。[①] 第二，规划海洋科技。他指出，要搞好海洋科技创新总体规划，坚持有所为有所不为，重点在深水、绿色、安全的海洋高技术领域取得突破，尤其要推进海洋经济转型过程中急需的核心技术和关键共性技术的研究开发。[②] 第三，发展海洋科技。发展海洋科技，要着力推动海洋科技向创新引领型转变。中国主要的海洋科技研究仍然与近海和海岸带相关，要注重维护海洋生态系统的服务功能。但必须意识到，与远洋深海相关的重要资源能源、环境效应和生命过程问题已成为海洋科技研究的新焦点，只有加快打造深海研发基地、加快发展深海科技事业，才能推动我国海洋科技全面发展。

海洋科学与技术是伴随着人们对海洋的探索、开发和利用而逐渐形成的一大类学科领域。海洋科学是研究海洋的自然现象、性质及其变化规律，以及与开发利用海洋有关的知识体系，是地球科学的重要组成部分。海洋科学的发展史可分为早期研究与积累、奠基与形成、现代海洋科学三个阶段：① 18世纪以前为海洋知识的早期研究与积累阶段。自15世纪开始，郑和、哥伦布、麦哲伦等航海家的海洋探险活动除了推动航海事业的发展外，也在客观上促进了人们对全球海陆分布、海洋自然地理概况等方面海洋知识的积累，直接推动了近代自然科学的发展和海洋学各个主要分支学科的形成。

---

① 习近平：进一步关心海洋认识海洋经略海洋 推动海洋强国建设不断取得新成就. http://jhsjk.people.cn/article/22402107.

② 习近平：进一步关心海洋认识海洋经略海洋 推动海洋强国建设不断取得新成就. http://jhsjk.people.cn/article/22402107.

②19世纪至20世纪中叶为海洋科学的奠基与形成时期。在此时期，海洋探险逐渐转向海洋综合考察，对海洋的研究得到深化，取得了众多的研究成果，逐步形成了理论体系。这些大规模的海洋调查不仅积累了大量资料，而且观测到许多新的海洋现象，为观测方法本身的革新准备了条件。其间出版的《欧洲海的自然史》《海洋自然地理学》等著作成为海洋生态学、近代海洋学的经典著作。而1872～1876年英国"挑战者号"的考察则被认为是现代海洋学研究的真正开始。"挑战者号"在12万多千米的航程中进行了多学科综合性的海洋观测，在海洋气象、海流、水温、海水化学成分、海洋生物和海底沉积物等方面取得大量成果，使海洋学从传统的自然地理学领域中分化出来，逐渐形成独立的学科。③20世纪中叶至今为现代海洋科学时期，这一学科已经发展成为一个相当庞大的体系。一方面，学科分化越来越细；另一方面，学科的综合化趋势越来越明显，海洋科学各分支学科之间、海洋科学同其他学科门类之间相互渗透、相互影响，逐步形成了一系列跨学科的有高度综合性的研究课题，如海洋-大气相互作用和长期气候预报、海洋生态系统、海洋中的物质循环和转化、海洋生命起源、板块构造理论等一些根本问题。

海洋技术是应用海洋基础科学和有关技术，以开发、利用、保护、恢复海洋资源为目的而形成的一门新兴综合技术科学，也指开发利用海洋的各种建筑物及其他工程设施的相关技术。按海洋开发、利用的海域，海洋工程可分为海岸工程、近海工程和深海工程，但三者又有所重叠。海洋工程最初始于为海岸带开发而服务的海岸工程。地中海沿岸国家在公元前1000年已开始航海和筑港，我国也早在公元前306～前200年就在沿海一带建设港口，与海争地。长期以来，随着航海事业的不断发展和生产建设需求的快速增长，海岸工程得到了很大的发展，但"海岸工程"这个专业术语到20世纪50年代才首次出现。随着海洋工程水文学、海岸动力学和海岸动力地貌学以及其他有关学科的形成和发展，海岸工程学也逐步成为一门系统的技术学科。从20世纪后半期开始，世界人口迅速增长和经济迅速膨胀，人们对能源的需求量急剧增加。随着大陆架海域石油与天然气等海洋资源的开发和空间利用规模的不断扩大，与之相适应的近海工程成为近几十年来发展最迅速的工程之一，其主要标志是出现了钻探与开采石油（气）的海上平台，作业范围已由水深10米以内的近岸水域扩展到水深300米的大陆架水域。海底采矿也由近岸浅海向较深的海域发展，现已能在水深1000多米的海域钻井采油，在水深6000多米的大洋进行钻探。与此同时，海洋潜水技术也发展迅速，已能进行饱和潜水，载人潜水器下潜深度可达10 000米以上，还出现了进行潜水作业的海洋机器人。这样，大陆架水域的近海工程和深海水域的深海工程均已远远超出海岸工程的范围，所应用的基础科学和工程技术也超出了传统海岸工程学的范畴，从而形成了新型的海洋工程。

在我国，海洋科学与技术的发展几乎与新中国的成长同步进行，70多年来经历了从零起步到"跟跑""并跑"，再到某些方面"领跑"的跨越式发展。新中国成立之初的1950年8月，童第周、曾呈奎、张玺等共同筹建了中国科学院水生生物研究所青岛海洋生物研究室（中国科学院海洋研究所前身），这是我国第一个专业的海洋研究机构，它的成立标志着现代中国海洋科学全面、系统规模化发展的开始。1959年3月，山东海洋学院（中国海洋大学前身）的成立标志着我国拥有了第一所专门培养海洋人才的高等院校。随后，我国又相继成立了国家海洋局直属海洋研究机构①等科技机构。这些机构目前已成为我国海洋科学与技术研究的骨干力量。70多年来，在我国海洋科学研究奠基人童第周、水声学奠基人汪德昭、物理海洋学奠基人赫崇本等老一辈科学家的带领和几代科研工作者的共同努力下，我国已在南北极科学考察等海洋调查、载人潜水器等海洋技术装备等多个领域取得了一系列重要成果。

改革开放以来，我国的海洋学科经历了从无到有、由弱变强的发展历程，为我国开放海洋、经略海洋奠定了坚实的基础。回顾海洋科学与技术的发展历史，大致可以分为以下三个阶段。

---

① 现自然资源部直属海洋研究机构，包括自然资源部第一海洋研究所、自然资源部第二海洋研究所、自然资源部第三海洋研究所、国家海洋技术中心、天津海水淡化与综合利用研究所、海洋发展战略研究所、国家海洋标准计量中心、国家海洋环境预报中心（海啸预警中心）等。

一、起步期：改革开放以来的海洋科学与技术（1978～2000年）

新中国成立伊始，我国就建立了海洋科学与技术的相关研究机构，并进行了一些近海海洋调查及特定海域调查等科学活动，如在1958年9月开展的第一次大规模全国性海洋综合调查、在20世纪60年代组织实施的"东海大陆架调查""南海中部调查"等。这些科学活动的进行意味着我国海洋科学与技术的发展已逐渐萌芽。1978年，党的十一届三中全会确定了改革开放的总方针，科学与技术事业迎来了春天，我国海洋的发展也逐渐步入正轨并不断发展，其具体发展历程可分为三个阶段。

1978年以来，我国海洋科学与技术围绕"查清中国海、进军三大洋、登上南极洲"的战略目标，在加强海洋调查能力和调查仪器装备研发的基础上，开始走出中国近海，面向深海大洋和南北极，进行了大规模的海洋调查和探索研究工作，取得了丰硕的科研成果。

从1980年开始，中国开展了历时7年的"全国海岸带和海涂资源综合调查"，完成调查海域面积35万平方千米、观测断面9600条、观测站9万余个；编写了《中国海岸带和海涂资源综合调查报告》及各种专业、专题报告，共计500多份、700多册、6000多万字。其中，严恺、陈吉余等主编完成的《中国海岸带和海涂资源综合调查报告》获得1992年度国家科学技术进步奖一等奖。1984～1995年，中国先后3次组织了大规模的南沙群岛及其邻近海区综合科学考察，较全面和客观地查明了12°N以南、断续线以内南沙群岛72个主要礁体的状况，为南沙海区资源开发与保护、维护国家海洋权益提供了有力的科学依据。

在海洋调查国际合作方面，中国于1978年12月首次参加国际全球大气试验（FGGE），海洋科学研究开始介入国际前沿科学。1980年，中美开展了"长江口及东海大陆架沉积作用过程联合调查"。1985～1990年，中美在赤道和热带西太平洋开展了"耦合海洋大气响应实验"（TOGA-COARE）。从1986年开始，中日开展了著名的"中日黑潮合作调查研究"和"中日副热带环流合作调查研究"。

南极、北极是全球变化和地球系统科学研究的前沿，也是建立全球生态安全屏障、构建人类命运共同体的重要组成部分。为此，我国在 1984 年组建了第一支中国南极科学考察队，乘"向阳红 10 号"科学考察船和海军 J121 打捞救生船在同年首次登上了南极大陆，由此拉开了中国极地科学考察的序幕。这期间，中国对南大洋也开始了首次科学考察，在物理海洋学、气象学、化学和生物学等方面获得了大量宝贵的资料，填补了中国对南大洋调查与研究的空白，并先后于 1985 年 2 月、1989 年 2 月在南极建成了中国南极长城站、中国南极中山站等中国南极科学考察站。1987 年完成的《南大洋考察报告》获得了国家科学技术进步奖二等奖。自 1984 年以来，中国每年都派出科学考察队搭乘"极地号"科学考察船、"雪龙号"极地科学考察船前往南极，开展包括地质、气象、陨石、海洋、生物等在内的多学科考察。而在北极科学考察方面，1999 年 7 月 1 日，以"雪龙号"极地科学考察船为平台，中国开始了对北极的首次科学考察。此次考察不仅获得了一大批珍贵的数据和样品，而且首次确认了"气候北极"的地理范围，发现了北极地区对流层存在偏高的现象，这对研究全球气候变化具有重大意义。

与此同时，理论研究也取得了一些重要进展。例如，苏纪兰主持的"中日黑潮合作调查研究"项目是中国海洋研究走出近海的第一个项目，研究成果获 1996 年度国家科学技术进步奖二等奖；冯士筰等编著的《风暴潮导论》是世界上第一部系统论述风暴潮机制和预报的专著，于 1982 年获全国优秀科技图书奖一等奖；等等。同时，海洋技术装备也取得了很多重要成果，如"向阳红 10 号"大型远洋调查船研发成果获得 1988 年度国家科学技术进步奖特等奖，高从堦等完成的"国产反渗透装置及工程技术开发"获得 1992 年度国家科学技术进步奖一等奖，等等。

二、发展期：21 世纪以来的海洋科学与技术（2001～2012 年）

这一时期，海洋科学和海洋技术都进入了快速发展阶段。2012 年，海洋科学领域的发文量为 6265 篇，海洋技术领域的发文量为 1979 篇。我国的海洋科学和海洋技术也处于稳步增长阶段。2012 年，我国的海洋科学领域的发文量为 652 篇，是 2001 年发文量的 10 倍有余；我国海洋技术领域的发文量为 314 篇，是 2001 年发文量的 2.57 倍。

进入 21 世纪，随着我国经济社会的不断发展，中国海洋科学与技术的发展进入了一个新阶段，研究水平更上新台阶，逐渐从近海向深远海拓展，并在一些领域逐渐接近世界先进水平。

2000～2003 年，中国组织实施了"西北太平洋海洋环境调查与研究"专项，调查内容包括物理海洋、海洋地质、海洋生物、海洋化学等众多学科，所获调查数据填补了中国在该区域的海洋基础数据空白；2007 年，在南海北部陆坡首次成功钻获了可燃冰实物样品；2011～2013 年，在珠江口盆地东部海域首次钻获了高纯度的可燃冰样品。

2012 年，历时 8 年多的"中国近海海洋资源环境综合调查与评价"专项调查圆满完成。该专项全面构建起中国现代海洋调查标准和海-地-空-天一体化调查技术体系，实现了对中国近海约 150 万平方千米海域和海岛海岸带环境资源的全学科、全要素、全方位、全覆盖系统掌握和综合认知，基本摸清了中国近海海洋环境资源家底；全面获得了中国近海环境资源高精度基础数据，系统更新了海洋基础图件，建成了中国近海高精度的海洋大数据源，从而历史性地推进了中国近海环流、海洋生态和地质环境演变等基础理论向集成化、体系化的转变，夯实了中国区域海洋学学科理论和知识体系，奠定了中国在国际海洋科学研究体系中独特的优势地位。

在南北极和大洋考察方面，2004 年 7 月，我国在挪威的斯匹次卑尔根群岛建立了第一个北极科学考察站——中国北极黄河站。该站的建立，为研究空间物理、空间环境探测等众多学科前沿问题提供了极其有利的条件。2005年 1 月，中国第 22 次南极科学考察队登上了海拔 4093 米的南极内陆冰穹 A，这是人类首次登上南极内陆冰盖最高点。2005 年 4 月至 2006 年 1 月，"大洋一号"科学考察船横跨三大洋，首次开展环球大洋科学考察。这次考察的航程为 43 230 海里，历时 297 天，在中国大洋科学考察史上具有里程碑意义。

2009 年 1 月，我国在南极建成了中国南极内陆科学考察站——中国南极昆仑站。

理论研究在这一阶段也十分丰富。例如，侯保荣主持的"中国近海腐蚀环境调查与研究"，建立了海洋腐蚀环境的理论体系，相关研究成果获得 2002 年度国家科学技术进步奖二等奖；2008 年，刘瑞玉主编的《中国海洋生物名录》记录了 46 门 22 629 个现生物种的学名，并采用了被国际上广泛接受的最新分类系统，澄清了历史上对一些物种分类学的混淆，纠正了一些错误名称，充分反映了中国海洋生物分类与多样性研究所取得的重要进展等。

同时，中国自主研发的海洋技术与装备在海洋环境监测、海洋资源调查与开发、海洋工程建设、深海研究、海洋公益服务等方面得到了广泛的应用。李华军主持的"浅海导管架式海洋平台浪致过度振动控制技术的研究及工程应用"获得 2004 年度国家科学技术进步奖二等奖。侯纯扬主持的"海水循环冷却技术研究与工程示范"获得 2007 年度国家科学技术进步奖二等奖。中国在近海油气勘探开发方面的科研工作也取得重大进展，其中"中国近海油气勘探开发科技创新体系建设"获得 2010 年度国家科学技术进步奖一等奖。中国海洋卫星及其探测技术的研发与应用也取得了令人瞩目的成就。潘德炉突破性地发展了中国海洋水色遥感反演算法、遥感卫星应用效果模拟仿真理论和技术，并创建了中国遥感卫星模拟仿真系统和海洋水色遥感应用技术系统；他主持完成的"近海复杂水体环境的卫星遥感关键技术研究及应用"获得 2013 年度国家科学技术进步奖二等奖，为提升卫星空间信息获取和综合应用能力以及卫星遥感装备的发展做出了突出贡献。

三、成熟期：党的十八大以来的海洋科学与技术（2012～2020 年）

2012 年，党的十八大作出了建设海洋强国的重大战略部署，将海洋科学与技术及其相关产业经济的发展上升到国家战略层面，这是我国海洋科学与技术发展新的历史方位，党中央的战略部署极大地激发了广大海洋科技工作者的积极性和创造性，从而不断开创新成果，达成新成就。

2016 年，我国在南海北部陆坡西部海域首次发现了规模空前、分布面积达 618 平方千米的活动性冷泉 "海马冷泉"，这是中国天然气水合物勘查的重大突破。2017 年 5 月 10 日至 7 月 18 日，利用自主设计制造的 "蓝鲸一号"深水半潜式钻井平台，中国在南海神狐海域对海底以下 203～227 米的天然气水合物矿藏进行了试采。这次试采成功，标志着中国在理论、技术、工程和装备方面实现了完全自主创新，实现了在这一领域由 "跟跑" 到 "领跑" 的历史性跨越。

2014 年，中国设计并实施了新 10 年 "国际大洋发现计划" 349 航次（IODP349 航次），这也是中国加入大洋钻探计划（ODP）后在南海实施的第二次大洋钻探。2015 年，世界气候研究计划（WCRP）下的 4 个核心子项目之一——— "气候变率及可预测性项目"（CLIVAR）落户青岛，标志着中国在国际最高级别科学计划的影响力有了跨越性的进步。通过国际合作，中国海洋调查能力和水平全面提升，跨入国际先进行列。

极地科学考察仍在不间断进行。2014 年 2 月，我国建成了第四个南极科学考察站——中国南极泰山站。2018 年 2 月，中国第五个南极科学考察站——中国南极罗斯海新站已在南极的恩克斯堡岛破土建设，预计在 2022 年建成。2016 年 11 月至 2017 年 4 月，在中国第 33 次南极科学考察中，"雪龙号"极地科学考察船航行 3.1 万海里，抵达 78°41′S 罗斯海鲸湾水域，刷新了全球科学考察船在南极海域到达最南端的纪录，这在世界航海史上具有里程碑意义。2017 年 1 月，中国首架极地固定翼飞机 "雪鹰 601" 成功降落在南极冰盖之巅，创南极航空新纪录，这标志着中国南极科学考察 "航空时代" 已来临。从此，"雪鹰 601" 固定翼飞机、"雪龙号" 系列极地科学考察船和 5个南、北极科学考察站，基本构成了中国极地海陆空立体化协同考察体系，为中国从极地大国迈向极地强国奠定了重要基础。

经过多年的发展和积累，海洋科学的相关理论研究也进一步丰富。2015年，胡敦欣领衔 17 位国内外海洋学家和气候学家合作撰写的《太平洋西边界流及其气候效应》评述文章在《自然》上正式发表。这是《自然》首次发表有关太平洋环流与气候研究的评述性文章，也是中国学者在该期刊发表的首篇海洋领域研究综述性论文。王东晓等完成的"南海与邻近热带区域的海洋联系及动力机制"获得 2014 年度国家自然科学奖二等奖。吴立新领衔完成的"大洋能量传递过程、机制及其气候效应"获得 2018 年度国家自然科学奖二等奖。

海洋技术装备也不断实现突破。中国自主建造的世界首座圆筒型超深水海洋钻探储油平台"希望 1 号"成功交付使用，其技术成果"深海高稳性圆筒型钻探储油平台的关键设计与制造技术"获得 2011 年度国家科学技术进步奖一等奖。2012 年，"海洋石油 981"深水半潜式钻井平台在南海首钻成功，实现了中国海洋油气资源开发从浅水到超深水的历史性跨越，技术成果"超深水半潜式钻井平台研发与应用"获得 2014 年度国家科学技术进步奖特等奖。在海洋卫星方面，中国已形成了以"海洋一号"（HY-1）系列卫星、"海洋二号"（HY-2）系列卫星及"高分三号"（GF-3）系列卫星为代表的海洋水色、海洋动力环境及海洋监视监测系列卫星。此外，中国自主研发、建造的载人潜水器"蛟龙号""深海勇士号"，无人潜水器"海马号""潜龙"系列、"海龙"系列、"海斗号"，水下滑翔机"海燕"系列、"海翼号"等深海运载器已进入世界先进行列。

第四节　山东海洋强省建设之路

山东省拥有大陆海岸线 3345 千米，约占全国的 1/6，有近 16 万平方千米的海域面积，与陆域面积相当，海洋资源丰度指数位居全国第一，是全国唯一拥有 3 个超过 4 亿吨吞吐量大港的地区。截至 2020 年，海洋产业产值已经占到山东省生产总值的 20%，山东省的海洋产业产值也占到全国海洋产值的近 20%，海洋渔业、海洋生物医药、海洋电力、海洋交通运输等多个产业位居全国第一。山东省聚集着全国近一半的海洋科学与技学人才（包括占全国1/3的海洋领域院士）、全国唯一的海洋科学与技术国家实验室，以及国家深海基地、中国科学院海洋大科学研究中心等科研重镇。2018年，习近平总书记连续两次就山东省海洋工作作出明确指示，希望山东省在发展海洋经济上走在前列，为海洋强国建设作出山东贡献。可以说，经略海洋是习近平总书记赋予山东省的重大责任、重大使命，也是重大机遇。

习近平总书记不仅为山东省指明了"在发展海洋经济上走在前列"的目标方向，还明确提出了山东省发展海洋事业的三大任务目标，即建设世界一流的海洋港口、完善现代海洋产业体系、构建绿色可持续的海洋生态环境。围绕这三大任务，山东省委、省政府在充分调研和论证的基础上，制定了山东海洋强省建设的《山东海洋强省建设行动方案》，提出一批含金量高的政策措施，包括海洋科技创新、海洋生态环境保护、智慧海洋突破等，力争到2035年基本建成与海洋强国战略相适应，海洋经济发达、海洋科技领先、海洋生态优良、海洋文化先进、海洋治理高效的海洋强省，引领经略海洋战略进入新时代。

山东省开展海洋强国建设的具体措施包括：①发布《山东海洋强省建设行动方案》，深入实施"十大行动"，即海洋科技创新行动、海洋生态环境保护行动、世界一流港口建设行动、海洋新兴产业壮大行动、海洋传统产业升级行动、智慧海洋突破行动、军民深度融合行动、海洋文化振兴行动、海洋开放合作行动和海洋治理能力提升行动。②组建山东省委海洋发展委员会和山东省海洋局。为加强山东省委对海洋工作的领导和统筹协调，打造海洋高质量发展战略要地，组建山东省委海洋发展委员会，办公室设在山东省自然资源厅；组建山东省海洋局，作为山东省自然资源厅的部门管理机构。③成立海洋港口发展委员会，组建山东港口投资控股集团，建设世界一流的海洋港口，整合渤海湾的滨州、东营、潍坊港口，成立渤海湾港口集团；推进青岛港、威海港整合，组建山东省港口集团，推动沿海港口一体化发展，促进海铁联运、空海联运，实行多式联运。④大力培育海洋装备制造、海洋工程、海洋生物医药等千亿元级产业集群，预计到2022年现代海洋产业增加值将达 2.3 万亿元以上。在海洋生态环境保护上，开展大范围海洋生态文明示范区创建，划定海洋生态红线区 233 个，建设各类海洋保护区 40 个。⑤注重科技在海洋强省建设中的关键作用。突出青岛海洋科学与技术试点国家实验室龙头引领作用，整合涉海高校、科研机构和科学考察平台等创新资源，积极参与国际大科学计划，实施重大科技创新工程，打造具有重要国际影响力的山东半岛海洋。

海洋科学与技术发达是海洋强国的重要标志，海洋竞争实质上是高科技竞争，海洋开发的深度取决于科技水平的高度。2015 年 6 月，青岛海洋科学与技术试点国家实验室正式开园运行，瞄准构建世界第七大海洋科研中心的宏伟目标而起锚出发。2018 年 6 月 12 日，习近平总书记在考察青岛海洋科学与技术试点国家实验室时指出："发展海洋经济、海洋科研是推动我们强国战略很重要的一个方面，一定要抓好。"①海洋科学与技术的重大突破，既可以推动传统海洋产业的变革，又能够催生出新的海洋经济业态。只有集中战略性科技力量开展前沿引领性、战略性、基础性、颠覆性科技创新，加快突破急需的核心技术和关键共性技术，推动海洋科学与技术由技术支撑型向创新引领型转变，才能实现在若干前沿领域跻身世界前列。要紧紧抓住推进海洋经济转型过程中急需的核心技术和关键共性技术，加大研究开发力度，重点在深水、绿色、安全等海洋高技术领域取得突破，牢牢掌握海洋科学与技术发展主动权，着力推动海洋科学与技术向创新引领型转变。

目前，我国正在大力推进"一带一路"倡议，山东半岛是我国由南向北扩大开放、由东向西梯度发展的重要节点。山东省向海图强，将深度融入"一带一路"。从经略陆地到经略海洋，从海洋大省到海洋强省，山东省正站在新的历史起点上，秉持更宏大和开放的格局，为海洋强国建设贡献着山东担当。

① 习近平：建设海洋强国，我一直有这样一个信念 . http://jhsjk.people.cn/article/30053733.

第二章

海洋科学与技术领域的研究主题分析

作为未来发展海洋战略性新兴产业的基础学科，海洋科学和海洋技术两个学科领域历经上百年的发展，已经形成了非常完备的海洋科学与技术人才培养体系和学科建设体系，积累了大量的奠基性科学论文和技术专利。学术论文是科技成果的重要形式之一。分析这些科技文献和科研成果，可以帮助我们从宏观上把握海洋科学与技术在全球的发展布局，勾绘出海洋科学与技术领域发展的演进脉络。在本章中，我们通过采用文献计量学和科学知识图谱的方法来展现海洋科学与技术领域的热点主题和发展脉络。

第一节　海洋科学与技术领域的文献获取

本书中的文献数据来自 Web of Science 数据库。Web of Science 数据库是全球最有影响和最受认可的综合性科技文献索引数据库，覆盖了包含海洋科学和海洋技术等在内的 256 个学科领域，共收录了 1 万多种学术期刊自 1900 年以来的科技论文，代表着学科领域发展的最高水平和前沿方向。

基于 Web of Science 数据库中的学科分类体系，可以检索得到海洋科学和海洋技术领域的科技论文。截至 2019 年，在海洋科学领域的科技论文共有 24.2 万余篇，发表在 66 种海洋科学领域的 SCI 期刊上；在海洋技术领域的科技论文共有 5.8 万余篇，发表在 14 种海洋技术领域的 SCI 期刊上。这两个学科构成了海洋科学与技术领域的主要内容。

从论文量增长曲线（图 2-1）可以看出，海洋科学主要起步于 20 世纪 60 年代，并经历了一段快速增长时期，此后基本保持线性增长。20 世纪 90 年代左右，国际气象学、海洋学与水文学交互式信息与处理系统会议（Interactive Information and Processing Systems for Meteorology, Oceanography and Hydrology），国际地球科学与遥感大会（International Geoscience and Remote Sensing Symposium, IGARSS）等学术会议的召开，产生了大量会议论文，使得论文量大幅增长。海洋技术领域论文量的增长则晚于海洋科学，在 2000 年之前，论文量较少，而 2000 年之后的增长趋势明显。

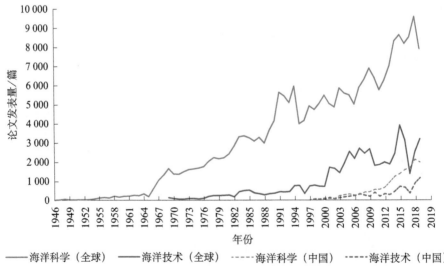

图 2-1 海洋科学与技术领域的论文量增长曲线（1946～2019 年）

第二节　海洋科学与技术领域的
热点关键词及其词群

　　词频分析是了解一个研究领域的一种简单实用的方法，一个领域的关键词代表着该领域的研究视域和研究核心。下面将分别对海洋科学和海洋技术两个领域中的热点关键词及其词群进行统计和解读。

一、海洋科学领域中的热点关键词

　　海洋科学是地球科学的重要组成部分，主要研究海洋的自然现象、性质及其变化规律，研究对象包括海水、溶解和悬浮于海水中的物质、生活于海洋中的生物、海底沉积和海底岩石圈，以及海面上的大气边界层和河口海岸带。由于海洋本身的整体性和海洋中各种自然过程相互作用的复杂性，海洋科学成为一门理论与实践相结合的综合性学科，既包括对海洋中的物理、化学、生物和地质过程的基础研究，又包括面向海洋资源开发利用以及海上军事活动等的应用研究。

　　表 2-1 为海洋科学领域中出现频次前 10 名的高频关键词表，包括其高频关键词、文章数及篇均被引次数及相关关键词群。下面还对高频关键词（前三个）进行了解读。

表 2-1　海洋科学领域的高频关键词及其相关关键词群

高频关键词	文章数及篇均被引次数	相关关键词群（高频关键词的共现次数）
浮游植物（phytoplankton）	1941 篇，28.8 次	营养物质（194）、初级生产（157）、浮游动物（130）、细菌（101）、富营养化（74）、叶绿素（69）、色素（61）、铁（60）、上升流（57）、硅藻（55）
气候变化（climate change）	1436 篇，27.9 次	海洋酸化（67）、温度（63）、北极（46）、海平面上升（45）、浮游动物（39）、全球变暖（37）、渔业（36）、浮游植物（35）、海冰（34）、适应（32）

高频关键词	文章数及篇均被引次数	相关关键词群（高频关键词的共现次数）
浮游动物 （zooplankton）	1145 篇，27.3 次	浮游植物（130）、桡足类（103）、生物量（53）、气候变化（39）、牧场（35）、稳定同位素（33）、上升流（31）、社区结构（30）、喂养（29）、垂直分布（29）
遥感 （remote sensing）	1124 篇，7.3 次	水色（99）、浮游植物（51）、叶绿素（43）、GIS（33）、海面温度（32）、宽视场水色扫描仪（32）、中分辨率成像光谱仪（28）、美国陆地卫星计划（26）、初级生产（25）、海冰（25）
营养素 （nutrient）	1080 篇，33.9 次	浮游植物（194）、富营养化（96）、初级生产（72）、叶绿素 a（61）、叶绿素（48）、氧气（39）、上升流（39）、盐度（37）、河口（35）、波罗的海（34）
生长 （growth）	1075 篇，25.1 次	死亡率（130）、繁殖（98）、年龄（84）、生存（69）、温度（64）、招收（63）、耳石（42）、幼虫（40）、喂养（35）、人口动态（34）
波罗的海 （Baltic Sea）	1036 篇，24.9 次	富营养化（56）、浮游植物（40）、芬兰湾（37）、蓝细菌（35）、营养素（34）、北海（32）、盐度（29）、磷（27）、系统模型化（25）、鲱鱼（24）
地中海 （Mediterranean Sea）	986 篇，25.2 次	波西多尼亚海草（28）、营养素（24）、外来物种（23）、浮游植物（22）、分布（17）、海洋酸化（17）、海草（16）、生物多样性（16）、气候变化（16）、爱琴海（15）
上升流 （upwelling）	960 篇，26 次	浮游植物（57）、下降流（57）、营养素（39）、海面温度（33）、初级生产（32）、浮游动物（31）、加利福尼亚海流（30）、招收（27）、南中国海（25）、叶绿素（22）
温度 （temperature）	944 篇，26.4 次	盐度（196）、成长（64）、气候变化（63）、营养素（30）、浮游植物（29）、招收（28）、气候（26）、深度（26）、光线（25）、浮游动物（21）

（一）浮游植物

浮游植物关键词的基本情况如表 2-2 所示。

表 2-2　浮游植物关键词基本情况

项目	描述
文章数	1941 篇
篇均被引次数	28.8 次

续表

项目	描述
相关关键词群（高频关键词的共现次数）	营养物质（194）、初级生产（157）、浮游动物（130）、细菌（101）、富营养化（74）、叶绿素（69）、色素（61）、铁（60）、上升流（57）、硅藻（55）
研究比较多的国家	美国（526篇）、英国（174篇）、中国（170篇）
研究比较多的作者	Arrigo, Kevin R.（14篇）、Sathyendranath, Shubha（13篇）、Teira, Eva（12篇）

　　浮游植物是一个生态学概念，是指在水中营浮游生活的微小植物，通常浮游植物就是指浮游藻类，是浮游生物中的自养生物部分。浮游植物广泛存在于河流、湖泊和海洋中，因处于水面上层而得名。海洋中的浮游植物主要包括海藻和细菌，它们维持着海洋的生态环境，就像陆地上的草丛和森林，处于海洋食物链的底层。对浮游植物的研究大多着眼于生态环境，也就是基于对浮游植物群落结构的研究，通过各种生态学模型，挖掘出其与环境因子的相互关系。近些年，越来越多的研究关注浮游植物的分子生理学特征，开始挖掘浮游植物的食用价值和能源价值，前者的研究有热门的螺旋藻和葛仙米，后者有利用藻类开发新能源、生物燃料等。

（二）气候变化

　　气候变化关键词的基本情况如表 2-3 所示。

表 2-3　气候变化关键词基本情况

项目	描述
文章数	1436篇
篇均被引次数	27.9次
相关关键词群（高频关键词的共现次数）	海洋酸化（67）、温度（63）、北极（46）、海平面上升（45）、浮游动物（39）、全球变暖（37）、渔业（36）、浮游植物（35）、海冰（34）、适应（32）
研究比较多的国家	美国（480篇）、澳大利亚（199篇）、加拿大（189篇）
研究比较多的作者	Hollowed, Anne B.（15篇）、Byrne, Maria（11篇）、Cheung, William W. I.（9篇）

　　地球上的植物、动物和微生物都依赖气候资源活着。生物多样性之所以

得以存续，就是因为有比较稳定的生态系统，而气候是其中在长时间尺度下保障生态系统稳定的关键要素。近年来，由于气候变化引起的极端天气事件显著增加，如东亚季风变得更强或更弱、北大西洋暖流的势力减弱等。气候变化后全球的大气环流模式会发生变化，并最终反映在地球生态环境的变化上，导致暴雨洪涝和干旱极端高温的发生频率大大提高，在沿海地区台风甚至海啸等极端天气造成的破坏能力增加。此外，气温升高导致的海冰融化、海平面上升更是直接威胁着低洼地区的人类生存空间。最近几年的联合国政府间气候变化专门委员会（IPCC）评估报告还重点研究了气候变化和海洋酸化的潜在影响。针对气候变化的这些影响，各国政府正在探索适合本国国情的系统的适应措施和应对方法，开展海洋生态环境的治理和灾害防范。

（三）浮游动物

浮游动物关键词的基本情况如表 2-4 所示。

表 2-4　浮游动物关键词基本情况

项目	描述
文章数	1145 篇
篇均被引次数	27.3 次
相关关键词群（高频关键词的共现次数）	浮游植物（130）、桡足类（103）、生物量（53）、气候变化（39）、牧场（35）、稳定同位素（33）、上升流（31）、社区结构（30）、喂养（29）、垂直分布（29）
研究比较多的国家	美国（339 篇），英国（98 篇），加拿大（94 篇）
研究比较多的作者	Hunt, Brian P. V.（12 篇）、Ii, Chaolun（10 篇）、Xu, Zhaoli（9 篇）

浮游动物在研究海洋生态学中扮演着重要的角色，对渔业生产及海洋科学理论基础研究具有重要的现实意义。虽然其生物量少于地球生物总量的1%，但是创造了全球 50% 以上的初级生产力。浮游动物既是初级生产者与较高营养水平（如鱼类）之间的营养纽带，又是将颗粒碳和养分转化为溶解碳的回收者。因此了解浮游动物在碳循环中的各种作用变得越来越重要。目前，海洋浮游生物的研究手段主要以人工采集、实验室观察分析为主，这种方法易受时效、海况及人力的影响，不能满足现代化海洋发展的要求。随着

光学成像技术的发展，先进的显微放大光学成像技术在海洋浮游生物的研究领域占据了一席之地。

二、海洋技术领域中的热点关键词

海洋技术是以开发、利用、保护、恢复海洋资源为目的，以各类海洋工程的结构设计、研究开发、生产制造及经济分析为主要内容的学科，主要侧重于遥感、测绘、水声探测、地理信息等。研究内容一般可分为资源开发技术与装备设施技术两大部分，具体包括：围填海、海上堤坝工程，人工岛、海上和海底物资储藏设施、跨海桥梁、海底隧道工程，海底管道、海底电（光）缆工程，海洋矿产资源勘探开发及其附属工程，海上潮汐电站、波浪电站、温差电站等海洋能源开发利用工程，大型海水养殖场、人工鱼礁工程，盐田、海水淡化等海水综合利用工程，海上娱乐及运动、景观开发工程，以及国家海洋主管部门会同国务院环境保护主管部门规定的其他海洋工程。

从高频关键词表（表 2-5）来看，海洋技术领域的高频关键词明显不同于海洋科学领域，主要是基于计算流体力学和波动力学等，利用数值模拟的方法解决海洋工程的设计和施工中如何克服波能、海水侵蚀等造成的疲劳损伤和寿命缩短问题。下面还对词频最高的三个关键词进行了具体解读。

表 2-5　海洋技术领域的高频关键词及其相关关键词群

高频关键词	文章数及篇均被引次数	相关关键词群（高频关键词的共现次数）
计算流体动力学（computational fluid dynamics）	516 篇，8.4 次	波能（30）、晃荡（29）、湍流模型（21）、OpenFOAM（20）、流体力学（20）、流固耦合（20）、自由表面（15）、湍流（14）、耐波性（13）、数值波浪水槽（13）
数值模拟（numerical simulation）	405 篇，6.4 次	模型试验（17）、波能（13）、自由表面（11）、海啸（10）、重力式网箱（8）、冲击试验（8）、海底管道（8）、破坏应变（8）、力-位移响应（8）、矩形板（7）
波浪（wave）	247 篇，21.5 次	电流（33）、泥沙输移（19）、风（19）、冲刷（11）、液化（10）、水弹性力学（10）、有限元法（8）、片流（8）、风暴潮（8）、飓风（8）

高频关键词	文章数及篇均被引次数	相关关键词群（高频关键词的共现次数）
泥沙输移 （sediment transport）	244篇，21.4次	冲刷（24）、冲流移（24）、片流（20）、海浪（19）、形态学（16）、数值模拟（12）、冲激（11）、碎浪带（10）、侵蚀（10）、床剪应力（9）
波能 （wave energy）	242篇，15次	振荡水柱（62）、计算流体力学（30）、数值模拟（21）、韦尔斯涡轮机（17）、控制（16）、冲力式涡轮机（13）、不规则波（11）、点吸收器（11）、震荡波浪转能机（9）、风能（9）
遥感 （remote sensing）	238篇，13.8次	卫星观测（35）、算法（28）、雷达观测（27）、雷达（27）、观测技术和算法（15）、云检索（12）、传感器（12）、仪器仪表（12）、数据处理（12）、激光雷达观测（10）
流体力学 （hydromechanics）	227篇，20.7次	计算流体力学（14）、风暴潮（9）、流固耦合（9）、表面波（9）、河口（8）、飓风（8）、空气动力学（8）、运动学（8）、堰洲岛（8）、泥沙输移（7）
疲劳 （fatigue）	225篇，2.8次	钢悬链立管（24）、提升板（23）、断裂力学（13）、可靠性（12）、腐蚀（11）、有限元分析（9）、应力集中系数（8）、设计（8）、有限元法（8）、近海（8）
海啸 （tsunami）	192篇，11次	地震（18）、孤立波（15）、数值模拟（10）、洪水（10）、海底滑坡（10）、废弃物（10）、波浪爬高（9）、溢出（8）、可靠性（7）、滑坡（7）
有限元分析 （finite element analysis）	189篇，6.6次	海底管道（12）、疲劳（9）、屈曲分析（6）、吸力锚（6）、残余强度（5）、流固耦合（5）、单桩基础（5）、水下爆炸（5）、吸力沉箱（5）、水下步行机器人（4）

（一）计算流体动力学

计算流体动力学关键词的基本情况如表 2-6 所示。

表 2-6　计算流体动力学关键词基本情况

项目	描述
文章数	516篇
篇均被引次数	8.4次

续表

项目	描述
相关关键词群（高频关键词的共现次数）	波能（30）、晃荡（29）、湍流模型（21）、OpenFOAM（20）、流体力学（20）、流固耦合（20）、自由表面（15）、湍流（14）、耐波性（13）、数值波浪水槽（13）
研究比较多的国家	美国（53篇）、中国（41篇）、英国（27篇）
研究比较多的作者	Chen, Hamn-Ching（13篇）、Gao, Zhen（8篇）、Zhao, Yucheng（8篇）

计算流体动力学常被简称为 CFD（computational fluid dynamics），是数值数学和计算机科学结合的交叉学科。CFD 兴起于 20 世纪 60 年代，随着 90 年代后计算机的迅猛发展，各种 CFD 通用软件陆续出现，成为商品化软件，CFD 得到了飞速发展，逐渐与实验流体力学一起成为产品开发中的重要手段，服务于传统的流体力学和流体工程领域，如航空、航天、船舶、水利等，也是机械、化学、土木、生物、环境、航空航天、海洋、石油、能源等工程类专业和数值模拟计算机科学专业的核心研究对象。求解的数值方法主要有有限差分法（FDM）、有限元法（FEM）以及有限分析法（FAM），应用这些方法可以将计算域离散为一系列的网格并建立离散方程组，离散方程的求解是由一组给定的猜测值出发迭代推进，直至满足收敛标准。

（二）数值模拟

数值模拟关键词的基本情况如表 2-7 所示。

表 2-7　数值模拟关键词基本情况

项目	描述
文章数	405 篇
篇均被引次数	6.4 次
相关关键词群（高频关键词的共现次数）	模型试验（17）、波能（13）、自由表面（11）、海啸（10）、重力式网箱（8）、冲击试验（8）、海底管道（8）、破坏应变（8）、力 - 位移响应（8）、矩形板（7）
研究比较多的国家	中国（270篇）、日本（64篇）、韩国（27篇）
研究比较多的作者	Liu Zhen（12篇）、Shi, H. D.（12篇）、Cui, Y.（12篇）

数值模拟是一个很宽泛的概念，又叫数值仿真，在很多学科中都会用到。从蛋白质结构到地壳运动都有相关的数值模拟研究，几乎覆盖所有理工科，但不同学科研究对象、研究方法千差万别。就海洋科学与技术领域而言，数值模拟偏重用大型计算机上的数值模型来对大气、海洋环流进行模拟，以达到研究、预测天气、气候、环流等要素的目的。数值模拟的研究对象尺度大于计算流体动力学，后者除了将计算机的数值模型用于实验，还会将风洞等实物模型用于实验。

（三）波浪

波浪关键词的基本情况如表 2-8 所示。

表 2-8　波浪关键词基本情况

项目	描述
文章数	247 篇
篇均被引次数	21.5 次
相关关键词群（高频关键词的共现次数）	电流（33）、泥沙输移（19）、风（19）、冲刷（11）、液化（10）、水弹性力学（10）、有限元法（8）、片流（8）、风暴潮（8）、飓风（8）
研究比较多的国家	美国（58 篇）、丹麦（32 篇）、英国（31 篇）
研究比较多的作者	Sumer, B. Mutlu（11 篇）、Lu, Da（9 篇）、Zhang, Xiantao（9 篇）

波浪是海洋中常见的物理现象，对波浪开展监测研究具有重要的科研意义和实用价值。波浪在向近岸传播的过程中，受海底地形、岸界和环境流（近岸流和潮流）的作用显著，具有比深海和开阔陆架海域更复杂的演变规律和更快速的时空变换，目前的研究和认识还不成熟。波浪研究的对象主要包括波长、周期、波速、波龄、平均波高、有效波高、波陡等，研究方法主要通过数值模拟。波浪能发电是目前比较热门的研究方向，尤其是在欧洲。

第三节　海洋科学与技术领域的
研究主题划分与演变

在科学计量学中，利用科学知识图谱的方法，可以识别一个研究领域的研究主题，并直观、生动地刻画出其演变的过程。本节主要借助 VOSviewer 软件，分别对海洋科学和海洋技术领域的研究主题划分和演变进行可视化分析，以进一步探索国际海洋科学与技术领域的发展现状并进行趋势预测。

一、海洋科学领域中的主要研究主题划分与演变

海洋科学领域的研究主题分布如图 2-2 所示。在研究主题分布图中可以看出，海洋科学领域形成三个大的研究区域：上方是浮游植物相关研究，右下角是浮游动物相关研究，左下角是潮汐和泥沙输移相关研究。根据关键词之间的共现关系，又细分成六个不同颜色的聚类或研究主题关键词群：①海洋水体富营养化及浮游植物光合作用研究；②海洋物种生长引进及多样性研究；③海洋水系颗粒有机碳分布及沉积物研究；④沿海水域水土综合观测研究；⑤海洋稳定同位素技术分析及浮游动物群落研究；⑥海洋观测传感技术及预测预报研究。

进一步绘制上述各个研究主题的演变图，如图 2-3 所示。图中每个研究主题包含的关键词按照其出现的平均时间纵向排列。下面将对这六个研究主题逐一进行分析。

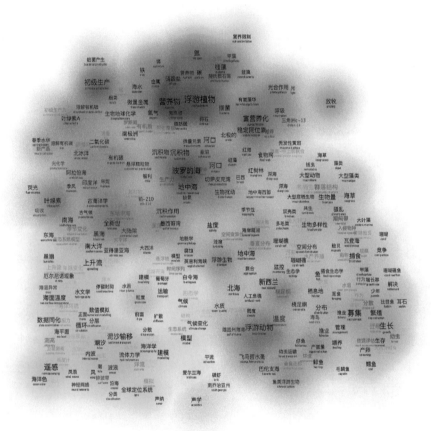

图 2-2　海洋科学领域的研究主题分布图

海洋水体富营养化及浮游植物光合作用研究	海洋物种生长引进及多样性研究	海洋水系颗粒有机碳分布及沉积物研究	沿海水域水土综合观测研究	海洋稳定同位素技术分析及浮游动物群落研究	海洋观测传感技术及预测预报研究

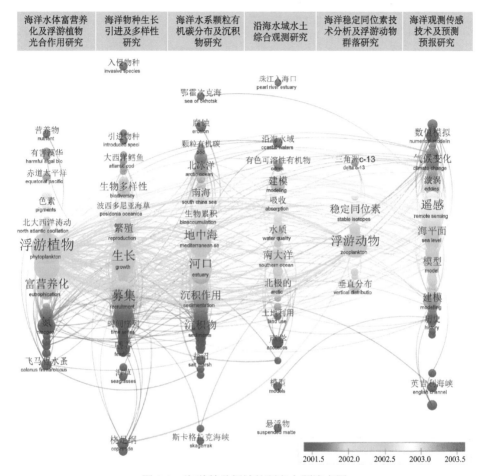

图 2-3　海洋科学领域的研究主题演变图

（一）海洋水体富营养化及浮游植物光合作用研究

海洋水体富营养化及浮游植物光合作用研究主题的基本情况如表2-9所示。

表 2-9　海洋水体富营养化及浮游植物光合作用研究主题基本情况

项目	描述
关键词数	55 个
高频关键词	浮游植物、营养物、波罗的海、初级生产、富营养化、氮、硅藻、叶绿素、细菌
核心关键词（对数似然率）	浮游植物（phytoplankton，1193.68）、氮（nitrogen，921.67）、初级生产（primary production，719.94）、磷（phosphorus，707.55）、营养物（nutrients，706.63）、硅藻（diatom，501.40）、富营养化（eutrophication，466.94）、放牧（grazing，435.66）、碳（carbon，376.86）、色素（pigment，363.54）

项目	描述
前沿关键词（平均时间）	营养物（2003.5）、次级生产（2003.4）、有害藻华（2003.3）、酸碱度（2003.1）、赤道太平洋（2003.1）、缅因州海湾（2002.9）、色素（2002.8）、蓝藻（2002.8）、气候变率（2002.8）、二氧化碳（2002.7）

海水富营养化指的是海洋水体中氮、磷等营养盐含量过多而引起的水质污染现象。它的实质是营养盐的输入和输出失去平衡，从而导致水生生态系统物种分布失衡、物种疯长，影响了系统的物质与能量的流动，使整个海洋水体生态系统遭到破坏。海水富营养化也是水体衰老的一种现象，天然富营养化本来是一个十分缓慢的过程，但随着有机物质和营养盐的过量进入，大大加快了水体富营养化的进程。目前，富营养化已成为困扰许多国家的水环境污染问题之一，不仅会使水体丧失应有的功能，而且会使生态环境向不利的方面演变，造成海水透明度降低，使阳光难以穿透水层，从而影响水生植物的光合作用和氧气的释放；表层水面植物的光合作用造成溶解氧的过饱和状态致使鱼类大量死亡；有些藻类还能分泌有毒物质，这些有害物质通过海产品危及人体健康。我国富营养化比较严重的水域主要分布在辽东湾、渤海湾、长江口、杭州湾、江苏近岸、珠江口等。初级生产力是自养生物利用太阳能进行光合作用（或利用化学能进行化能合成作用）同化无机碳为有机碳的能力。浮游植物通过光合作用积累的物质及储存的能量是湖泊生态系统物质循环和能量流动以及食物网和渔业生产的基础；浮游植物贡献的初级生产力约占生物圈的50%，因而它们被认为是湖泊生态系统中最主要的初级生产者。

（二）海洋物种生长引进及多样性研究

海洋物种生长引进及多样性研究主题的基本情况如表2-10所示。

表2-10　海洋物种生长引进及多样性研究主题基本情况

项目	描述
关键词数	152个
高频关键词	生长、募集、北海、温度、新西兰、分布、盐度、地中海、海草、捕食

续表

项目	描述
核心关键词（对数似然率）	生长（growth，1591.51）、募集（recruitment，1386.10）、死亡率（mortality，722.78）、鳕鱼（cod，674.88）、丰度（abundance，649.75）、解决（settlement，613.97）、繁殖（reproduction，573.12）、迁移（migration，523.87）、多样性（diversity，503.76）、捕食（predation，498.32）
前沿关键词（平均时间）	入侵物种（2004.2）、微卫星（2003.6）、引进物种（2003.5）、运动（2003.3）、大西洋鳕鱼（2003.3）、海洋保护区（2003.2）、条件（2003.2）、海岸潟湖（2003.2）、时期（2003.1）、黑线鳕（2003.0）

在全球海洋环境和生物多样性面临的四大威胁中，外来物种入侵已经成为继海洋栖息地破坏之后的第二个重大威胁。全球范围内的外来物种传播和引进通常导致局部地区的生态系统失衡、经济衰退和社会问题。流动的海水是入侵物种二次传播的良好载体，入侵的外来物种具有容易扩散、检测困难、危害严重和不可恢复等特点。这些特点为海洋入侵外来物种的控制、清除和管理增加了难度。而海洋生物资源的开发和利用已成为 21 世纪世界各海洋大国竞争的焦点，尤其是随着海洋环境不断地恶化，海洋生物资源日益遭受人们大量采集而枯竭，海洋生物多样性亦随之遭受破坏。据此，海洋生物基因资源的保护和利用显得尤其重要。海洋是生物多样性的宝库，海洋生物资源具有现实或潜在的价值。首先，海洋生物资源是人类重要的食物来源，每年为全球人类提供约 22% 的动物蛋白。同时，许多海洋生物还具有重要的药用及工业价值。其次，海洋也主宰着地球的气候变化、物质循环及整个生态系正常的运行，如果海洋受到污染和破坏，陆地上的生命也会遭到破坏甚至导致灭亡，丰富多样的海洋不但为人类提供食物、医药与休闲等多功能的需求，而且有分解废弃物、调节气候、提供氧气等方面的作用，成为地球上最大的生命保障系统。所以，保护海洋生态系统多样性对人类的生存与生产具有长远的战略意义。

（三）海洋水系颗粒有机碳分布及沉积物研究

海洋水系颗粒有机碳分布及沉积物研究主题的基本情况如表 2-11 所示。

表 2-11　海洋水系颗粒有机碳分布及沉积物研究主题基本情况

项目	描述
关键词数	119 个
高频关键词	河口、沉积物、地中海、全新世、沉积作用、黑海、南海、大陆架、微量金属
核心关键词（对数似然率）	有机碳（organic carbon，517.39）、沉积物（sediments，510.26）、铁（ferrum，465.51）、微量金属（trace metals，435.94）、地球化学（geochemistry，381.30）、镉（cadmium，365.59）、碳水化合物（carbohydrate，343.51）、全新世（holocene，337.52）、锰（manganese，326.34）、溶解有机物（dissolved organic matter，318.43）
前沿关键词（平均时间）	鄂霍次克海（2003.9）、腐蚀（2003.6）、颗粒有机碳（2003.4）、季风（2003.4）、阿拉伯海（2003.3）、古生产力（2003.3）、美国（2003.3）、北冰洋（2003.2）、爱琴海（2003.2）、地下水（2003.1）

自工业革命以来，随着工业发展规模的不断扩大，大气中温室气体 CO_2 的浓度不断提高。海洋占全球表面积 71%，是大气中 CO_2 的主要来源，人类活动产生的 CO_2 约有 23% 被海洋吸收。这在一定程度上减缓了全球变暖的进程，但是也引起海水 pH 和碳酸钙饱和度下降等酸化现象，使海洋碳循环发生变化，因此碳在海洋中的循环一直被人们关注。海洋中碳的主要存在形态为无机碳和有机碳，根据溶解性将有机碳分为溶解有机碳（DOC）、胶体有机碳（COC）和颗粒有机碳（POC）。POC 是指不溶解的有机颗粒物质（粒径大于 0.7 微米），在海洋碳循环过程中具有重要作用，是碳在水体中储存、迁移转化的重要载体，是生物泵作用下不同形式碳之间转化的重要物质，在一定程度上控制着 DOC、COC 和溶解无机碳（DIC）的行为。陆架边缘海是陆地、大气和海洋进行物质交换的活跃区，是 POC 迁移转化的重要场所，河流每年向陆架边缘海输送的 POC 约有 10^8 吨。仅占全球海洋面积 7% 的边缘海，贡献了 14%～30% 的海洋初级生产力。边缘海具有较高碳封存和碳输出能力，在维持海洋生态系统稳定方面具有重要作用，因此研究陆架边缘海 POC 具有重要意义。沉积物中稳定碳同位素（δ_{13C}）能够确定有机质的来源，反映了表层水生产力、陆源有机质的供应状况和大量的古环境信息，有助于了解碳循环、沉积物循环的生物地球化学过程及其气候变化响应。典型海洋浮游植物的 δ_{13C} 值为-19‰～-22‰，湖相藻类的 δ_{13C} 值为-25‰～-30‰；陆

生 C3 植物的 δ_{13C} 值为-26‰～-28‰，C4 植物的 δ_{13C} 值为-10‰～-16‰。稳定氮同位素（δ_{15N}）则被广泛地用来示踪食物链的摄食路径、有机质的源汇、水中脱氮、硝化过程、氮的固定化和富营养化等方面。

（四）沿海水域水土综合观测研究

沿海水域水土综合观测研究主题的基本情况如表 2-12 所示。

表 2-12 沿海水域水土综合观测研究主题基本情况

项目	描述
关键词数	36 个
高频关键词	南大洋、建模、南极洲、北极的、声学、水质、荧光、聚合、沿海水域、吸收
核心关键词（对数似然率）	吸收（absorption，547.79）、棕囊藻（phaeocystis，349.53）、声学（acoustics，335.81）、南大洋（Southern Ocean，292.71）、荧光（fluorescence，286.67）、后向散射（backscatter，282.47）、威德尔海（Weddell Sea，236.63）、有色可溶性有机物（CDOM，231.67）、罗斯海（Ross Sea，231.62）、南佐治亚州（South Georgia，220.94）
前沿关键词（平均时间）	珠江入海口（2004.1）、沿海水域（2003.5）、有色可溶性有机物（2003.2）、地理信息系统（2003.2）、建模（2003.0）、光化学（2003.0）、光学特性（2002.8）、吸收（2002.8）、目标强度（2002.7）、声散射（2002.7）

海洋占地球表面积的 71%，占地球生存空间的 90% 以上，并且大量海洋动植物是人类重要的食物来源，因此了解海洋对我们来说极为重要。目前，不断出现的涉及海洋气象、海面表层、水体剖面以及海底的新型观测技术，由于实时通信技术手段的应用，基本可以对海洋进行实时、连续、长期、全方位的立体监测，实现真正意义上的"透明"海洋。海洋综合观测浮标是一种用于实时获取海洋气象、水文、水质、生态、动力等参数的漂浮式自动化监测平台，是随着科技发展和海洋科学研究、环境监测及预报的需要而迅速发展起来的新型海洋环境监测设备，具有实时、连续、长期、全天候和自动化等优点，也是当前国国内外主流、重要、可靠、稳定的海洋观测技术手段之一，因此其技术的研发和升级受到世界各国的极大重视和大力发展。为保障观测数据获取的完整性，国内外大部分海洋综合观测浮标均采用全球移动通信系统（global system for mobile communications，GSM）、高频通信、卫星通信、通用分组无线业务（general packet radio service，GPRS）和码分多址

（code division multiple access，CDMA）等多种无线通信方式来实现观测数据的实时传输，其中应用于我国近海的海洋综合观测浮标，通常采用 CDMA、GPRS 和北斗 3 种通信方式。

（五）海洋稳定同位素技术分析及浮游动物群落研究

海洋稳定同位素技术分析及浮游动物群落研究主题的基本情况如表 2-13 所示。

表 2-13　海洋稳定同位素技术分析及浮游动物群落研究主题基本情况

项目	描述
关键词数	14 个
高频关键词	浮游动物、稳定同位素、垂直分布、食物网、季节性、垂直迁移、鱼类浮游生物、三角洲 c-13、鳀、新陈代谢
核心关键词（对数似然率）	浮游动物（zooplankton，371.98）、稳定氮同位素（δ_{15N}，365.05）、稳定碳同位素（δ_{13C}，360.84）、鳀（anchovy，280.74）、鱼类浮游生物（ichthyoplankton，211.45）、垂直迁移（vertical migration，205.36）、垂直分布（vertical distribution，201.23）、稳定同位素（stable isotope，199.12）、食物网（food web，196.55）、新陈代谢（metabolism，166.93）
前沿关键词（平均时间）	稳定碳同位素（2003.3）、沙丁鱼（2002.9）、稳定氮同位素（2002.8）、加那利群岛（2002.8）、稳定同位素（2002.7）、新陈代谢（2002.7）、食物网（2002.6）、季节性（2002.5）、垂直迁移（2002.5）、浮游动物（2002.4）

近年来，稳定同位素技术被用于分析生态系统中的能量流动和物质交替变化，通过在食物链中富集度较低的 δ_{13C} 比值来追溯捕食者食物的来源，利用 δ_{15N} 在营养级间相对稳定的富集度来计算生物的营养级。稳定同位素技术的优点在于克服了以往方法的复杂性和单一性，对了解生态系统中元素循环、物质能量循环提供了极大帮助。在海洋生态系统中，δ_{13C}、δ_{15N} 主要用于构建食物网、确定营养级以及分析生物的食性来源，综合考虑了初级生产者到顶级消费者在食物网中的营养级时空变化及各层级消费者的食性特征及作用。浮游动物是海洋中生物量最大的生物类群，在海洋食物链中处于承上启下的中枢地位，它们摄食浮游植物，自身又是鱼类等高级摄食者的饵料，还是海洋生物泵的主要组成部分，在海洋食物网和全球生物地球化学循环中起着至关重要的作用。浮游动物群落结构、种群组成和数量的变化，反映着整个生态系统的动态，尤

其是浮游动物的关键种和功能群又起着控制生态系统全局的作用。

（六）海洋观测传感技术及预测预报研究

海洋观测传感技术及预测预报研究主题的基本情况如表 2-14 所示。

表 2-14　海洋观测传感技术及预测预报研究主题基本情况

项目	描述
关键词数	146 个
高频关键词	遥感、上升流、泥沙输移、湍流、建模、海冰、潮汐、北大西洋、数据同化、循环
核心关键词（对数似然率）	遥感（remote sensing，775.53）、波浪（wave，660.19）、泥沙输移（sediment transport，648.91）、潮汐（tides，542.66）、内波（internal wave，510.33）、数值模拟（numerical modeling，508.18）、循环（circulation，480.11）、卫星测高（satellite altimetry，449.91）、混合（mixing，426.82）、湍流（turbulence，418.31）
前沿关键词（平均时间）	卫星测高（2003.6）、海洋色（2003.6）、数值模拟（2003.5）、海岸海洋学（2003.5）、转换（2003.5）、波浪气候（2003.4）、海岸流（2003.4）、宽视场海洋观测传感器（2003.3）、托帕克斯卫星（2003.3）、海啸（2003.3）

20 世纪 80 年代以来，海洋观测呈现"多元化、立体化、实时化"的发展趋势，国家及区域的海洋观测系统在关键海域发挥着重要作用。众所周知，地球是宇宙中已知的唯一呈蓝色的行星，而且水深超过 1000 米的深海区占海洋总面积的 90%。深海观测站需要高效的科学技术和高昂的建设维护成本，致使全球深海长期实时观测数据缺乏。这种情况限制了深海石油、气体水合物和基因资源的开发利用，影响了全球气候预测、地震海啸等灾害性现象监测水平的提高。国际海洋观测的目标是构建覆盖全球的立体观测系统。海洋观测体系所支持的技术已发展成为包括卫星遥感、浮标阵列、海洋水文/气象观测站、水下剖面、海底观测网络和科学考察船的全球化观测网络，并提供全球实时或准实时的基础信息和产品服务。全球海洋观测系统（GOOS）从空间、空中、岸基平台、水面、水下等多平台综合对海洋各个区域进行立体观测。全球海洋实时观测网（ARGO）则建立了一个实时、高分辨率的全球海洋中、上层监测系统。作为全球海洋观测系统的基本组成部分，国家及区域的海洋观测系统在获得与分发有关海洋环境现状与未来状态的可靠评估

和预报资料，有效、安全和持续利用海洋环境等方面做出了巨大贡献。

二、海洋技术领域中的主要研究主题划分与演变

利用同样的方法，进一步得到海洋技术领域的研究主题分布图（图 2-4）和演变图（图 2-5）。在海洋技术领域，包含四大板块：上方的波浪研究、左侧的计算流体力学研究、下方的海底管道研究、右侧的自主水下航行器（AUV）研究。进一步，它又可以细分为六个不同颜色的聚类或研究主题关键词群：①深海设施动力响应及强度分析技术；②深海柔性构件的动力特性分析技术；③海洋空间综合立体技术系统；④深远海探测、考察装备与深海信息传输技术；⑤数值水池与海上试验技术；⑥海洋数据算法与观测技术。下面将对六个研究主题逐一进行分析。

图 2-4　海洋技术领域的研究主题分布图

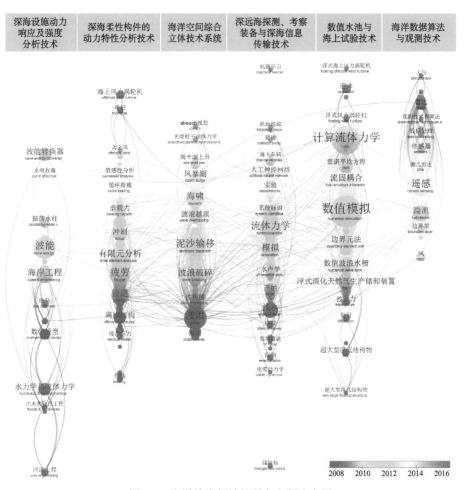

图 2-5　海洋技术领域的研究主题演变图

（一）深海设施动力响应及强度分析技术

深海设施动力响应及强度分析技术研究主题的基本情况如表 2-15 所示。

表 2-15　深海设施动力响应及强度分析技术研究主题基本情况

项目	描述
关键词数	28 个
高频关键词	波能、海岸工程、波能转换器、水力学与流体力学、数学模型、振荡水柱、可再生能源、海洋工程、环境、疏浚
核心关键词（对数似然率）	水力学与流体力学（hydraulics & hydrodynamics，2095.46）、海岸工程（coastal engineering，1956.75）、数学模型（mathematical model，1801.41）、河流工程（river engineering，1143.92）、海洋工程（maritime engineering，1040.18）、井式水轮机（well turbine，994.63）、海防（coast defences，992.16）、波能（wave energy，830.56）、振荡水柱（oscillating water column，767.77）、洪水和防洪工程（floods & flood control works，733.75）
前沿关键词（平均时间）	波能转换器（2014.5），点吸收器（2013.7），振荡水柱（2011.8），可再生能源（2011.7），波能转换（2011.1），系泊缆（2010.7），波能（2010.7），海洋工程（2010.5），性能（2010.2），港口、码头和港口（2010.1）

深海设施动力响应及强度分析技术属于关键共性技术，涉及一系列波浪理论研究以及强度分析，是深海设施建设与装备的基础。动力响应是力学里的一个概念，指结构在外力的作用下会发生位移，其内部各个部位会产生应力和应变。掌握波浪运动动力特性对延长深海设施使用寿命、提高设施运转经济效益具有重要意义。人类对能源的需求与日俱增，导致石油、煤炭、天然气等不可再生能源日益枯竭。可再生能源的开发与利用成为解决全球能源危机的重要途径。波浪能是一种分布范围广且无污染的可再生能源，能量密度远大于风能和太阳能，其中最直接的应用是波浪能发电。目前，由于自身结构以及海况的限制，波能转换器的波能转换效率较低。传统的波浪发电过程为波浪能采集—能量输送—发电。直驱式波浪发电系统一般采用直线发电机直接将波浪的机械能转换为电能，避免了传统的波能转换器由于二级、三级能量转换所造成的能量损失，实现了转换效率的提升，被认为是现有波浪发电系统中高效可行的海上发电方式之一。近年来，直驱式波能转换器得到该领域众多国内外学者的关注。

（二）深海柔性构件的动力特性分析技术

深海柔性构件的动力特性分析技术研究主题的基本情况如表 2-16 所示。

表 2-16　深海柔性构件的动力特性分析技术研究主题基本情况

项目	描述
关键词数	135 个
高频关键词	疲劳、有限元分析、有限元法、管道、稳定性、可靠性、冲刷、液化、离岸结构、实验
核心关键词（对数似然率）	疲劳（fatigue，899.55）、管道（pipe，853.59）、黏土（clay，822.16）、有限元分析（finite element analysis，754.69）、管线（pipelines，525.89）、屈曲（buckling，501.30）、离岸的（offshore，477.35）、可靠性（reliability，459.64）、沙（sand，450.92）、有限元（finite element，446.71）
前沿关键词（平均时间）	海上风力涡轮机（2016.8）、单桩（2016.2）、海上风力涡轮机（2015.2）、抵抗（2014.7）、海上风（2014.6）、土－结构相互作用（2014.6）、水下爆炸（2014.4）、桶形基础（2014.1）、敏感性分析（2013.7）、压缩性（2013.3）

近年来，海洋油气勘探和开发活动大大增加，与前几年相比主要表现在水深增加和浮式结构的发展上。海洋油气资源开发都要在一定的海域内短期或长期作业，系泊问题就成为保证这些海洋结构物安全和正常使用的关键技术问题，进行柔性构件的分析方法研究对系泊系统的合理设计、保障海洋平台的作业和安全具有重要意义。该领域研究主要分为缆绳、锚线、柔性立管、水动力性能等。研究显示，该领域研究热点集中在应用有限元分析方法对海底管道、海洋黏土、柔性立管等液化、屈曲、腐蚀、承载能力、孔隙压力、不排水抗剪强度等进行数值模拟计算，观测其动力影响。该领域的技术交叉领域包括深远海探测及考察装备与深海信息传输技术、数值水池与海上试验技术、可再生/清洁能源利用技术等领域存在技术交叉。

（三）海洋空间综合立体技术系统

海洋空间综合立体技术系统研究主题的基本情况如表 2-17 所示。

表 2-17　海洋空间综合立体技术系统研究主题基本情况

项目	描述
关键词数	114 个
高频关键词	波浪、泥沙输移、海啸、波浪破碎、数值模拟、防波堤、风暴潮、冲浪区、孤立波、波浪越顶
核心关键词（对数似然率）	泥沙输移（sediment transport，857.79）、冲浪区（surf zone，842.18）、波反射（wave reflection，636.22）、波浪破碎（wave breaking，624.97）、波传播（wave propagation，610.94）、风暴潮（storm surge，526.98）、能量耗散（energy dissipation，505.42）、冲激（impulse，441.88）、波浪爬高（wave run-up，436.64）、破浪（breaking waves，425.01）
前沿关键词（平均时间）	XBeach 模型（2015.6）、沿海洪水（2015.1）、光滑粒子流体力学（2015.0）、海平面上升（2014.2）、物理建模（2014.1）、气候变化（2014.0）、Delft3D 三维水动力软件（2013.9）、物理模型（2013.7）、风暴潮（2013.6）、极限波（2013.5）

波浪作用下海床的稳定性分析是海底管道、防波堤和海洋平台基础设计中的重要内容。在传播过程中，波浪在海床面上产生波浪压力，且波压力传入海床中时存在相位差，从而产生渗流。海床土体不仅受到波浪荷载和建筑物自重荷载的作用，还受到渗流力的作用。海床土骨架受到周期性的动力荷载时可能会导致孔隙水压力逐渐上升而有效应力逐渐下降，使得海床土骨架的强度降低，甚至发生土体液化。国外自 20 世纪 40 年代开始对波浪周期荷载作用下海床动力响应问题进行了初步探索，60 年代考虑到海床土体是一种各向异性介质并加以推广，70 年代国内外的学者们开始将研究重点转向多孔饱和海床，研究波浪对海床中孔隙水压力的影响。海洋认知和预测、预报服务能力的提升，与高技术装备创新能力以及高端产业基础紧密关联。加大海洋观测技术装备创新力度，加快发展海洋观测装备产业有利于推动海洋观测预报领域重大工程建设的顺利实施。近年来，海洋观测平台技术发展速度加快，研究热点集中在遥感、卫星观测、雷达观测、原位海洋观测等海洋观测平台技术体系方面，以遥感技术为桥梁对海啸、风暴潮、飓风等进行一系列的模拟观测与研究。与深远海探测、考察装备与深海信息传输技术、深海设施动力响应及强度分析技术以及海洋数据算法与观测技术等研究联系密切。

（四）深远海探测、考察装备与深海信息传输技术

深远海探测、考察装备与深海信息传输技术研究主题的基本情况如表 2-18 所示。

表 2-18　深远海探测、考察装备与深海信息传输技术研究主题基本情况

项目	描述
关键词数	103 个
高频关键词	流体力学、自主水下航行器、模拟、优化、浅水、建模、声呐、水下航行器、神经网络、水声学
核心关键词（对数似然率）	自主水下航行器（AUV，885.49）、声呐（sonar，706.47）、沉积物（sediments，570.34）、声学（acoustics，570.01）、海洋测量（marine survey，569.16）、自适应控制（adaptive control，554.33）、航行（navigation，554.16）、水下航行器（underwater vehicles，531.46）、海面（sea surface，471.82）、地声反演（geoacoustic inversion，445.88）
前沿关键词（平均时间）	机器学习（2017.8）、轨迹跟踪（2015.5）、水下滑翔机（2015.4）、时间序列（2015.0）、避碰（2015.0）、路径跟踪（2014.4）、海上车辆（2014.3）、海面（2014.2）、不确定性（2014.2）、海洋测量（2014.1）

积极推进对深远海探测、考察装备的研究与建设对海洋资源开发与利用、增强海洋意识、建设海洋强国具有重要意义。而深海岸基的信息传输研究在船舶设备运行、水下设备监控和实时海底观测等工况下具有重要意义。该领域分为深远海探测、考察装备和深海信息传输技术两部分。深远海探测、考察装备研究包括水下航行器、水声遥感、海洋遥感等。水下航行器又分为载人潜水器和无人潜水器，研究主要围绕自主水下航行器，应用于沿海工程、海上防御、海上设施等建设方面。深海信息传输技术主要分为有线和无线，研究热点集中在无线部分的水下声通信方面，与海洋空间综合立体技术系统研究领域有部分交叉，联系密切。

（五）数值水池与海上试验技术

数值水池与海上试验技术研究主题的基本情况如表 2-19 所示。

表 2-19   数值水池与海上试验技术研究主题基本情况

项目	描述
关键词数	124 个
高频关键词	数值模拟、计算流体力学、晃动、流固耦合、模型试验、涡激振动、边界元法、浮式液化天然气生产储卸装置、水弹性、数值波浪水槽
核心关键词（对数似然率）	计算流体力学（CFD，873.69）、晃动（sloshing，741.72）、涡激振动（vortex-induced vibration，582.89）、水弹性（hydroelasticity，461.51）、流固耦合（fluidsolid coupling，454.92）、时域（time domain，408.10）、数值波浪水槽（numerical wave tank，391.66）、立管（riser，372.06）、自由表液面（free surface，350.43）、超大型浮式结构物（VLFS，343.23）
前沿关键词（平均时间）	浮式海上风力涡轮机（2017.9）、泡沫（2017.1）、水动力性能（2016.7）、浮式风力涡轮机（2015.9）、les（2015.8）、进水（2015.2）、计算流体力学（2015.0）、不确定度分析（2014.9）、附加阻力（2014.7）、比例效应（2014.6）

海洋工程数值水池是指利用计算机程序数值仿真实现海洋工程水池的功能，包括造波、造流、波-波、波-流、波-流-结构物相互作用的实验，是海洋工程装备研究的关键共性技术之一。用计算机算出海上钻井平台可能遭受的风浪打击，进而设计出更牢固、抗风浪的海上平台；让新船型在计算机数字化海洋世界里做试验，进而验证、优化船型，可以提高船舶的水动力性能。该项技术主要依托于计算流体力学、计算机技术、数值计算方法等。研究显示，该领域研究热点集中在数值模拟、计算流体力学、模型试验等方面，研究因素包括流体机构相互作用、稳定性、疲劳测试、耐波性等实验模拟与观测。在同样精度前提下，它比物理水池效率高、时间短、成本低、可远程操控，减少设计的不确定性、更容易实现设计优化，是国际水动力学发展的最新方向。它与深海设施动力响应及强度分析技术、深海柔性构件的动力特性分析技术以及海洋数据算法与观测技术研究紧密相连。

（六）海洋数据算法与观测技术

海洋数据算法与观测技术研究主题的基本情况如表 2-20 所示。

表 2-20 海洋数据算法与观测技术研究主题基本情况

项目	描述
关键词数	20 个
高频关键词	遥感、湍流、风、雷达、雷达观测、算法、仪器仪表、卫星观测、传感器、海洋原位观测
核心关键词（对数似然率）	遥感（remote sensing, 2434.15）、雷达观测（radar observation, 2372.60）、雷达（radar, 2362.55）、算法（algorithm, 2282.17）、传感器（sensor, 2153.52）、仪器仪表（instrument apparatus, 1965.15）、卫星观测（satellite observation, 1556.62）、海洋原位观测（in situ ocean observation, 1380.57）、数据处理（data processing, 1278.11）、分析器（analyzer, 1229.35）
前沿关键词（平均时间）	大气（2017.6）、分析器（2016.9）、地面观测（2016.7）、雷达观测（2016.6）、算法（2016.6）、海洋原位观测（2016.5）、卫星观测（2016.4）、雷达（2016.4）、观测技术和算法（2015.8）、现场大气观测（2015.5）

自 1980 年以来，海洋观测事业得到了国际社会的重视，资金投入不断增多，海洋观测技术不断进步：观测资料的类型和数量不断增多（特别是遥感资料）、时空采样变得密集、数据质量提高，海洋观测数据能够通过卫星、互联网等通信手段较快地（几个小时或几天之内）传输到数据应用中心，全球准实时海洋观测系统已经形成。海洋模式通过同化大量准实时海洋观测数据，提高了海洋预报的准确度。业务化应用的海洋数据同化方法有最优插值、三维变分、四维变分、卡尔曼滤波、变分同化和集合卡尔曼滤波（ensemble Kalman filter，EnKF）的结合方法等。随着 Argo 浮标的全球海洋大范围覆盖以及遥感观测卫星的连续性观测，获取了大量温盐等观测数据。如何有效地利用这些海洋观测数据，并对不同海洋尺度信息进行融合，对海洋信息研究具有极其重要的意义。然而，海洋水文观测是海洋工程建设、船舶通航安全保障以及海洋环境保护等的基础性工作。随着遥测遥感、卫星定位、传感器、计算机等相关理论和技术的发展，海洋观测技术日新月异。国外一些航运密集度高的地区建立了由浮标、测量桩和岸基潮汐站等组成的观测网，对潮位、潮流、波浪、风等海洋水文要素进行实时监测并发布，在船舶安全系泊和进出港等作业中起到关键的作用。

第四节　海洋科学与技术领域的专利技术热点分布及演变

本节主要借助 PatentHub 专利分析平台,对海洋科学与技术领域的专利 IPC 分类代码进行计量,从而展现海洋领域的技术热点及演变情况。

一、海洋科学与技术领域中的专利技术热点分布

IPC 即国际专利分类(international patent classification),是根据 1971 年签订的《国际专利分类斯特拉斯堡协定》编制的,是国际通用的专利文献分类和检索工具,已经更新到第 8 版。现在,IPC 代码约含 20 000 条,包括部、大类、小类、大组和小组五个等级,其中八个部分别是:A(人类生活必需)、B(作业、运输)、C(化学、冶金)、D(纺织、造纸)、E(固定建筑物)、F(机械工程、照明、加热、武器、爆破)、G(物理)、H(电学)。

根据技术领域的不同,海洋领域的专利可能分布在各个不同的部中。截至 2019 年,在所有检索得到的 10.88 万件专利中,B 部的专利申请数量最多,共 16 259 件,占全部专利的 14.94%,这些专利共涉及 B 部下面的 35 个大类、134 个小类和 7332 个小组。排在第二位的是 G 部的专利,共 14 580 件,占 13.40%。此外,A 部、C 部和 F 部的专利占比也分别超过和接近 10%。相对而言,H 部和 D 部的专利申请数量较少(表 2-21)。

表 2-21　海洋领域专利的 IPC(部)

IPC 代码	专利申请量 / 件	占申请总量百分比 /%	IPC 大类 / 个	IPC 小类 / 个	IPC 小组 / 个
B 部	16 259	14.94	35	134	7 332
G 部	14 580	13.40	14	73	3 831
A 部	13 014	11.96	15	78	5 515
C 部	12 501	11.49	20	77	6 568
F 部	10 503	9.65	17	91	3 953
E 部	8 626	7.93	7	30	2 572

续表

IPC 代码	专利申请量 / 件	占申请总量百分比 /%	IPC 大类 / 个	IPC 小类 / 个	IPC 小组 / 个
H 部	3 640	3.35	5	44	2 316
D 部	534	0.49	9	27	734

通过对 IPC 小类的分析，可以更具体地了解海洋科学与技术领域专利的构成，洞察当前主要创新机构关注的技术焦点。如图 2-6 所示，相关技术多集中在 IPC 小类：B63B（船舶）、F03B（液力机械或发动机）、A01K（渔业）、E02B（水利工程）、G01V（物质与物体探测）等。其中，B63B（船舶）主要是关于船舶或其他水上船只，共涉及 7399 件专利，约占 6.8%；F03B（液力机械或发动机）主要是关于液力机械或液力发动机，共涉及 4698 件专利，约占 4.3%。

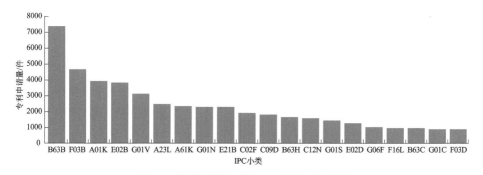

图 2-6　海洋领域专利的 IPC 分布（小类）

B63B—船舶　F03B—液力机械或发动机　A01K—渔业　E02B—水利工程

G01V—物质与物体探测　A23L—食品食料制备　A61K—医用配制品

G01N—材料测定分析　E21B—土层岩石钻进　C02F—废水污水处理

C09D—涂料或浆料　B63H—船舶推进或操舵装置　C12N—微生物或酶

G01S—无线电定向或导航　E02D—挖方或填方　G06F—电数字数据处理

F16L—管子或管件　B63C—水下作业设备　G01C—测量距离、水准或者方位

F03D—风力发动机

二、海洋科学与技术领域中的专利技术热点演变

进一步对上面的主要 IPC 小类的年申请量进行分析的结果如图 2-7 所示。可以看出，E02B（水利工程）最早兴起，其他专利略晚。2007 年之后，B63B（船舶）和 F03B（液力机械或发动机）逐渐领先于 A01K（渔业）、E02B（水利工程）和 G01V（物质与物体探测）。2011 年之后，B63B（船舶）

开始快速增长，远超过其他专利类别，并在 2014 年达到峰值。

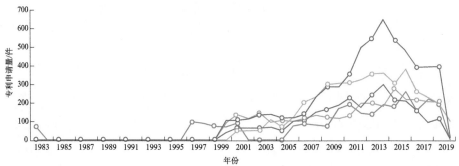

图 2-7　海洋领域各 IPC 分类的增长趋势（1983～2019 年）

如果以 2014 年为界，对比 2014 年之前与 2014（含）～2019 年的专利申请量，可以更直观地观察到专利技术的热点迁移规律，如图 2-8 所示。可以看出，大部分专利类别在 2014（含）～2019 年都有了一定程度的增长，其中增长幅度较大的有 B63B（船舶）、A01K（渔业）、E02B（水利工程）、A23L（食品食料制备）、G01N（材料测定分析）、E21B（土层岩石钻进）和 C09D（涂料或浆料）等。不过，也有部分类别出现了一定程度的下降，如 F03B（液力机械或发动机）、G01V（物质与物体探测）、B63H（船舶推进或操舵装置）等。

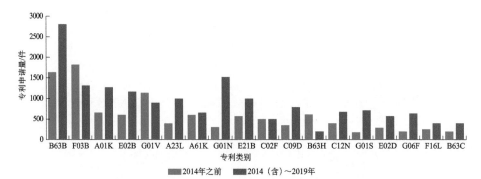

图 2-8　海洋领域的专利技术热点迁移（以 2014 年为界）

B63B—船舶　F03B—液力机械或发动机　A01K—渔业　E02B—水利工程

G01V—物质与物体探测　A23L—食品食料制备　A61K—医用配制品

G01N—材料测定分析　E21B—土层岩石钻进　C02F—废水污水处理

C09D—涂料或浆料　B63H—船舶推进或操舵装置　C12N—微生物或酶

G01S—无线电定向或导航　E02D—挖方或填方　G06F—电数字数据处理

F16L—管子或管件　B63C—水下作业设备

第三章

海洋科学与技术领域的国家或地区分析

本章和接下来的几章将分别对海洋科学与技术领域的科研力量进行计量分析和可视化分析，即利用文献计量学的方法，借助发文量、被引次数等指标直观和真实地展现一个国家或地区、研究机构或研究者的实力与水平。在本章中，将从国家或地区的层面，对各国或地区在海洋科学与技术领域的科研力量进行分析和比较。

第一节　海洋科学与技术领域的主要高产国家或地区

衡量一个国家或地区的实力的指标中，基于发文量、被引次数和篇均被引次数是常用的标准，尤其是基于发文量可以展现一个国家或地区的科研力量和科研产出的规模与水平。下面基于 Web of Science 数据库中海洋科学和海洋技术两个领域中的 SCI 论文统计量，对高产国家或地区进行解读。

一、海洋科学领域的主要高产国家或地区

表 3-1 展现了海洋科学领域发表 SCI 论文量最多的 10 个国家。截至 2020 年，美国共发表论文 60 723 篇，占全球发文量的 25.1%，远超过其他国家或地区；中国[①]以 15 743 篇的发文量位居第二，占全球发文量的 6.5%；英国的发文量排在第三位，发文量为 12 128 篇。其他发表论文较多的还有法国、加拿大、澳大利亚、德国等。从被引次数分析，美国的被引次数高达 191 万多次，篇均被引次数为 31.48 次，在前 10 个国家中位居首位；加拿大的篇均被引次数为 30.46 次，在前 10 个国家中位居第二；英国、德国、法国、澳大利亚等国家的篇均被引次数也比较多，都超过了 27 次。中国虽然发文量位居第二，但是篇均被引次数仅为 9.25 次，相对于排名前位国家还有较大差距。

表 3-1　海洋科学领域发文量排名前 10 的国家

国家	发文量 /篇	被引次数 /次	篇均被引次数 /次	发文量较多的作者（发文量/篇）	主要研究机构（发文量/篇）	主要合作国家（发文量/篇）
美国	60 723	1 911 681	31.48	McWilliams, James C.（91）、Valle-Levinson, Arnoldo（77）、Punt, Andre E.（75）	美国伍兹霍尔海洋研究所（4 539）、美国国家海洋和大气管理局（4 254）、华盛顿大学（3 450）	英国（2 190）、加拿大（2 182）、中国（2 091）
中国	15 743	145 682	9.25	王东晓（89）、张婧（71）、戴民汉（69）	中国科学院（3 571）、中国海洋大学（2 780）、自然资源部直属海洋研究机构（1 587）	美国（2 091）、英国（538）、澳大利亚（480）
英国	12 128	359 363	29.63	Davies, A. M.（53）、Meredith, Michael P.（41）、Sathyendranath, Shubha（40）	南安普敦大学（1 180）、普利茅斯海洋实验室（914）、英国国家海洋中心（854）	美国（2 190）、法国（1 159）、德国（1 070）

---

① 因统计口径原因，中国台湾地区的数据单列。

续表

国家	发文量/篇	被引次数/次	篇均被引次数/次	发文量较多的作者（发文量/篇）	主要研究机构（发文量/篇）	主要合作国家（发文量/篇）
法国	11 850	332 292	28.04	Chapron, Bertrand（35）、Petitgas, Pierre（34）、Ridoux, Vincent（30）	法国海洋开发研究院（1 987）、巴黎第六大学（1 195）、法国国家科学研究中心（1 129）	美国（1 631）、英国（1 159）、西班牙（740）
加拿大	11 674	355 575	30.46	Tortell, Philippe D.（54）、Sheng, Jinyu（53）、Legendre, L.（46）	加拿大渔业及海洋部（1 827）、达尔豪斯大学（1 077）、不列颠哥伦比亚大学（871）	美国（2 182）、英国（640）、法国（480）
澳大利亚	10 793	292 833	27.13	Lowe, Ryan J.（35）、Connolly, Rod M.（35）、Simpfendorfer, Colin A.（35）	塔斯马尼亚大学（1 044）、西澳大学（899）、澳大利亚联邦科学与工业研究组织（641）	美国（1 508）、英国（773）、法国（497）
德国	10 438	304 994	29.22	Wefer, G.（46）、Peck, Myron A.（42）、Brandt, Angelika（39）	阿尔弗雷德·韦格纳极地和海洋研究所（369）、不来梅大学（1 014）、汉堡大学（982）	美国（1 567）、英国（1 070）、法国（706）
日本	8 419	151 625	18.01	Nishioka, Jun（55）、Suzuki, Koji（52）、Waka-tsuchi, M.（50）	东京大学（1 622）、北海道大学（1 003）、日本海洋-地球科技研究所（734）	美国（1 046）、中国（391）、英国（291）
俄罗斯	7 871	59 158	7.52	Mokhov, I. I.（58）、Flint, M. V.（49）、Kravch-ishina, M. D.（40）	俄罗斯科学院（4 659）、莫斯科大学（527）、圣彼得堡国立大学（227）	美国（447）、德国（394）、挪威（222）
西班牙	6 636	159 713	24.07	Masque, Pere（52）、Duarte, C.M.（48）、Perez, F.F.（39）	中国船舶重工集团有限公司（1 582）、维戈大学（516）、巴塞罗那大学（404）	英国（805）、美国（795）、法国（740）

表3-1还呈现了各国在海洋科学领域发文量最多的作者、机构和合作国

家。例如，在美国发表论文量最多的作者有美国加利福尼亚大学（简称加州大学）洛杉矶分校的 James C. McWilliams（91 篇）、佛罗里达大学的 Arnoldo Valle-Levinson（77 篇）和华盛顿大学的 Andre E. Punt（75 篇）等，主要研究机构有美国伍兹霍尔海洋研究所（4539 篇）、美国国家海洋和大气管理局（4254 篇）、华盛顿大学（3450 篇）等，主要合作国家包括英国（2190 篇）、加拿大（2182 篇）和中国（2091 篇）。中国的高产作者包括中国科学院南海海洋研究所的王东晓（89 篇）、厦门大学的戴民汉（69 篇）等，主要研究机构包括中国科学院（包括海洋研究所、南海海洋研究所等）（3571 篇）、中国海洋大学（2780 篇）、自然资源部直属海洋研究机构（1587 篇）等，主要合作国家或地区是美国（2091 篇）、英国（538 篇）和澳大利亚（480 篇）等。

图 3-1 进一步对各国家或地区的发文量和篇均被引次数在 2015 年及以前

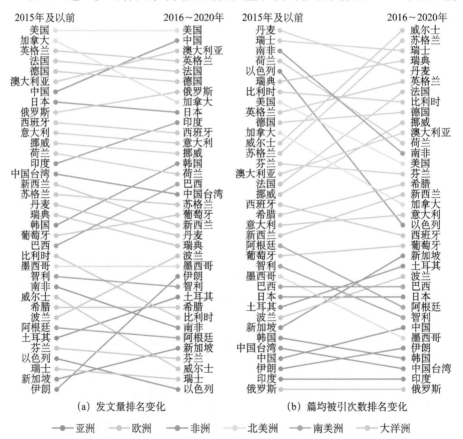

(a) 发文量排名变化　　　　(b) 篇均被引次数排名变化

──●── 亚洲　　──●── 欧洲　　──●── 非洲　　──●── 北美洲　　──●── 南美洲　　──●── 大洋洲

图 3-1　海洋科学领域中各主要国家或地区的排名变化（2015 年及以前和 2016～2020 年）

和 2016～2020 年的排名进行了对比。就发文量而言，在 2015 年及以前，中国的发文量仅排在全球第 7 位；2016～2020 年，其发文量跃升至全球第 2 位。印度、韩国、巴西、波兰、伊朗等的排名也有较大的提升，如印度的排名从第 14 位提升到第 10 位；韩国的排名从第 20 位提升到第 14 位。与此同时，加拿大的发文量从 2015 年及以前的第 2 位大幅下降到 2016～2020 年的第 8 位。此外，比利时、威尔士地区（英国）的下降幅度也比较大。

相对于发文量，一个国家的篇均被引次数更能代表一个国家的研究实力和水平。在 2015 年及以前，丹麦、瑞士、南非、荷兰、以色列都是篇均被引次数较多的国家。2016～2020 年，威尔士地区（英国）、苏格兰跃升到全球前两位。法国、挪威、新加坡等国家的增长势头也比较明显。亚洲国家或地区在篇均被引次数排名方面相对比较靠后，还有较大的提升空间。

二、海洋技术领域的主要高产国家或地区

表 3-2 展现了海洋技术领域发表 SCI 论文量最多的 10 个国家。与海洋科学领域一样，美国和中国是海洋技术领域发表 SCI 论文量最多的两个国家，分别位列第一和第二。其中，美国的发文量高达 13 181 篇，占全部论文量的 22.7%，是中国发文量（7042 篇）的近两倍。排在第三～第六位的分别是英国（3920 篇）、日本（3857 篇）、挪威（2329 篇）和韩国（2118 篇）。从被引情况来看，澳大利亚、意大利、法国、美国、英国的篇均被引次数较多，都超过了 10 次，而中国、日本、挪威和韩国的篇均被引次数相对较少，为 5～6 次，仅为前者的一半左右。

表 3-2　海洋技术领域发文量排名前 10 的国家

国家	发文量/篇	被引次数/次	篇均被引次数/次	发文量较多的作者（发文量/篇）	主要研究机构（发文量/篇）	主要合作国家（发文量/篇）
美国	13 181	152 043	11.54	Chandrasekar, V.（47）、Kim, M. H.（39）、Bernitsas, Michael M.（38）	美国海军研究实验室（823）、美国国家海洋和大气管理局（808）、伍兹霍尔海洋研究所（556）	中国（513）、英国（281）、加拿大（270）

国家	发文量/篇	被引次数/次	篇均被引次数/次	发文量较多的作者（发文量/篇）	主要研究机构（发文量/篇）	主要合作国家（发文量/篇）
中国	7 042	35 243	5.00	杨建民（52）、滕斌（46）、岳前进（44）	上海交通大学（899）、大连理工大学（874）、哈尔滨工程大学（502）	美国（513）、英国（426）、澳大利亚（246）
英国	3 920	42 491	10.84	Incecik, Atilla（44）、Paik, Jeom Kee（31）、Johanning, Lars（29）	思克莱德大学（310）、南安普敦大学（271）、普利茅斯大学（185）	中国（426）、美国（281）、澳大利亚（169）
日本	3 857	20 136	5.22	Ikoma, Tomok（45）、Masuda, Koichi（39）、Shibayama, Tomoya（37）	东京大学（494）、大阪大学（237）、九州大学（230）	美国（184）、中国（134）、英国（85）
挪威	2 329	13 523	5.81	Myrhaug, Dag（66）、Moan, Torgeir（29）、Gao, Zhen（28）	挪威科技大学（678）、斯塔万格大学（156）、挪威科技大学海洋工程系（136）	美国（166）、中国（106）、英国（78）
韩国	2 118	12 857	6.07	Paik, Jeom Kee（58）、Kim, Yonghwan（48）、Suh, Kyung-Duck（38）	首尔大学（327）、釜山大学（218）、韩国海洋研究与发展研究所（100）	美国（225）、日本（83）、英国（59）
加拿大	1 761	16 719	9.49	Khan, Faisal（23）、Qiu, Wei（22）、Buckham, Bradley J.（20）	纽芬兰纪念大学（272）、维多利亚大学（133）、加拿大国家研究理事会（100）	美国（270）、中国（68）、澳大利亚（54）
澳大利亚	1 612	21 427	13.29	Cheng, Liang（65）、Baldock, Tom E.（28）、Zhao, Ming（21）	西澳大学（421）、塔斯马尼亚大学（139）、昆士兰大学（135）	中国（246）、美国（173）、英国（169）

续表

国家	发文量/篇	被引次数/次	篇均被引次数/次	发文量较多的作者（发文量/篇）	主要研究机构（发文量/篇）	主要合作国家（发文量/篇）
法国	1 557	17 381	11.16	Ferrant, Pierre（26）、Babarit, Aurelien（20）、Dias, Frederic（10）	法国海洋开发研究院（204）、南特大学（103）、法国国家科学研究中心（73）	美国（150）、英国（131）、意大利（66）
意大利	1 409	17 089	12.13	Caiti, Andrea（26）、Arena, Felice（25）、Zanuttigh, Barbara（23）	热那亚大学（155）、国家研究委员会（123）、博洛尼亚大学（78）	美国（200）、英国（116）、西班牙（78）

该表还列出了各个国家的发文量较多的作者、主要研究机构和主要合作国家。美国的高产作者主要包括美国科罗拉多州立大学的 V. Chandrasekar 教授（47篇）、密歇根大学的 Michael M. Bernitsas 教授（38篇）；高产机构包括美国海军研究实验室（823篇）、美国国家海洋和大气管理局（808篇）、伍兹霍尔海洋研究所（556篇）等，主要合作国家或地区包括中国（513篇）、英国（281篇）和加拿大（270篇）等。中国的高产作者主要是上海交通大学海洋工程国家重点实验室杨建民教授（52篇）、大连理工大学海岸和近海工程国家重点实验室滕斌教授（46篇）、大连理工大学海洋科学与技术学院岳前进教授（44篇）等，高产机构包括上海交通大学（899篇）、大连理工大学（874篇）、哈尔滨工程大学（502篇）等，主要合作国家或地区包括美国（513篇）、英国（426篇）、澳大利亚（246篇）等。

为了展现各国家或地区在海洋技术领域的发展态势，分别统计它们在 2015 年及以前和 2016～2020 年两个时间段的排名情况，得到的主要国家或地区的发文量和篇均被引次数的排名如图 3-2 所示。

在发文量方面，中国在 2016～2020 年超过美国，成为海洋技术领域发文量最多的国家。其他排名上升的国家或地区还有英格兰、澳大利亚、意大利和印度等。而中国台湾、巴西、俄罗斯等国家或地区的发文量排名有所下降。在篇均被引次数排名方面，原来排名靠前的瑞士、丹麦、西班牙、智利、美国等国家或地区的排名有了较大幅度的下降；而新西兰、波兰、威尔士地区（英国）、希腊、德国、伊朗和墨西哥等国家或地区的排名明显上升。中国的篇均被引次数排名也有小幅提升，从第 32 名上升到第 26 名。

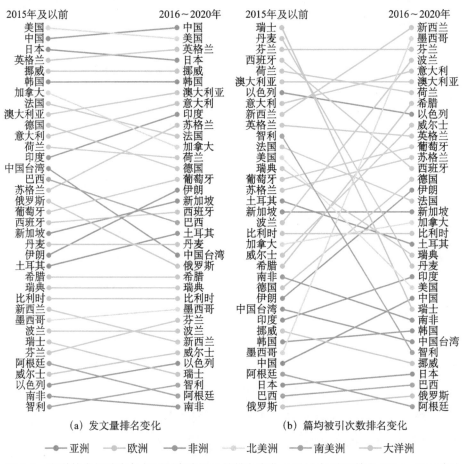

图 3-2　海洋技术领域中各主要国家或地区的排名变化（2015 年及以前和 2016～2020 年）

三、海洋科学和海洋技术领域的国家或地区对比

此外，我们还比较了各国家或地区在海洋科学和海洋技术两个领域发文量的规模，如图 3-3 所示。在第二章中，我们已经指出，海洋科学和海洋技术是两类不同的学科，前者主要是生物学的方法和范式，后者主要是工程学

的方法和范式。由于各国家或地区的科研布局和资源禀赋不同，因此在海洋科学和海洋技术两个领域的实力可能不完全一致。

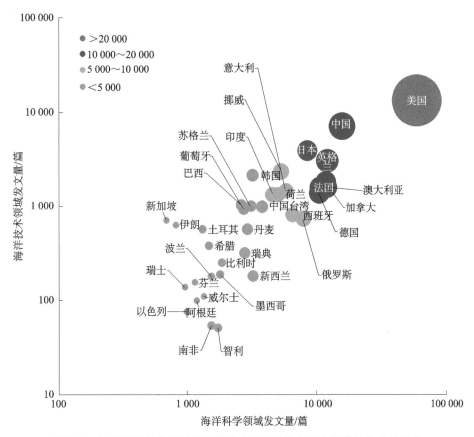

图 3-3　各主要国家或地区在海洋科学和海洋技术两个领域的发文量对比

由图 3-3 可以看出，中国、日本、挪威、韩国、新加坡、伊朗等在海洋技术领域的研究成果相对较多，这些国家或地区往往具有海洋工程装备等方面的巨大需求和经验。而在法国、加拿大、俄罗斯、新西兰、南非、智利等国家或地区则正好相反，其在海洋科学领域的研究相对较多，这些国家或地区在生物学研究上有比较深厚的积淀。

第二节　海洋科学与技术领域的国际合作网络

国际合作在当今科技创新中具有重要地位，广泛的学术交流和合作可以促进知识的广泛传播和科研的快速发展。因此，通过绘制海洋科学与技术领域的国际合作网络，可以识别该领域的主要合作模式，发掘潜在的国际合作空间。

一、海洋科学领域的国际合作网络

图 3-4 展现了海洋科学领域的国际合作情况。图中节点的大小表示各国

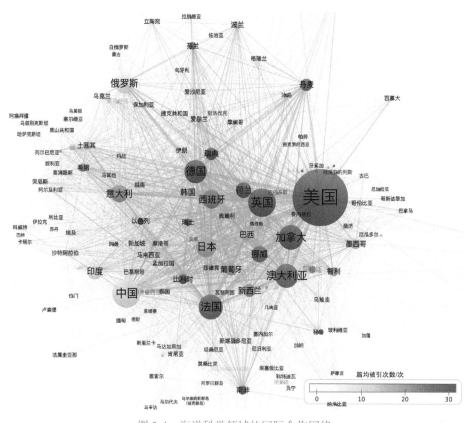

图 3-4　海洋科学领域的国际合作网络

家或地区的发文量多少，节点颜色的深浅表示其篇均被引次数的多少。可以看出，美国处于合作网络的中心，并且与欧洲的一些国家或地区建立了比较密切的联系，如英国、法国、德国、瑞典、挪威、丹麦和荷兰等发达国家或地区，这些国家或地区在篇均被引次数上也相对较多。其他国家或地区则处于合作网络的更外围，包括俄罗斯、印度、墨西哥、阿根廷、智利等亚洲和美洲的国家或地区。可以说，经济因素是影响国际合作格局的最主要因素，发达国家或地区处于合作网络的中心，而发展中国家或地区则处于合作网络的边缘。

二、海洋技术领域的国际合作网络

图 3-5 展现了海洋技术领域的国际合作情况。在海洋技术领域，各国家

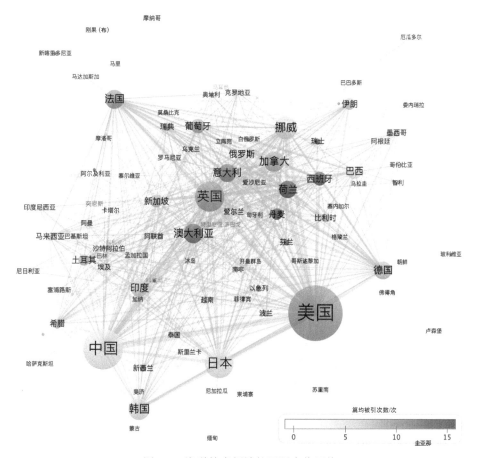

图 3-5　海洋技术领域的国际合作网络

或地区之间的国际合作关系同样非常紧密。按照地域划分，国际合作网络主要可以分成欧洲子群、亚太子群两个大的区域。在欧洲子群中，英国、意大利等处于合作的中心，丹麦、荷兰、西班牙三个国家在代表学术影响力的篇均被引次数上表现突出，挪威、德国、法国虽然发文量较多，但是篇均被引次数较少。在亚太子群中，中国、日本、韩国、澳大利亚以及大洋彼岸的加拿大都开展了广泛的合作，其中澳大利亚在篇均被引次数上显著高于其他各国家或地区。

与海洋科学领域的国际合作模式不同，地域因素而不是经济因素成为影响国际合作的最重要的因素。这是因为海洋技术领域离海洋产业更近，这就使得区域经济合作在科学合作中扮演着一个非常重要的角色，因此海洋技术领域形成了不同于海洋科学领域的国际合作模式。

第三节　各国或地区的研究热点分析和优势比较

除了发文量、篇均被引次数的差异，世界各国或地区在研究主题上也存在明显的区别。由于资源禀赋、产业形态等方面的因素，各国或地区逐渐发展形成了符合自身经济社会发展需要的优势领域。在本节中，我们将分别选取海洋科学和海洋技术领域发文量最多的六个国家，通过绘制其研究热点地图，展现这六个国家在海洋科学与技术领域的优势。

一、各国在海洋科学领域的研究热点比较

以海洋科学领域的研究主题分布图（图2-2）为底图，将各国的关键词词频在该底图上进行勾勒，就可以得到各个国家的研究热点分布图。下面分别对美国、中国、英国、法国、加拿大、澳大利亚等发文量最多的国家进行分析。

图 3-6 展现的是美国在海洋科学领域的研究热点分布。美国几乎在海洋科学的各个领域都有着比较突出的表现，尤其是在湍流、上升流、海洋环流的研究方面。在浮游植物的相关研究方面，主要研究营养物和富营养化，此外还有浮游动物群落、海洋生物生长繁殖、气候变化和墨西哥湾的沉积物等研究。

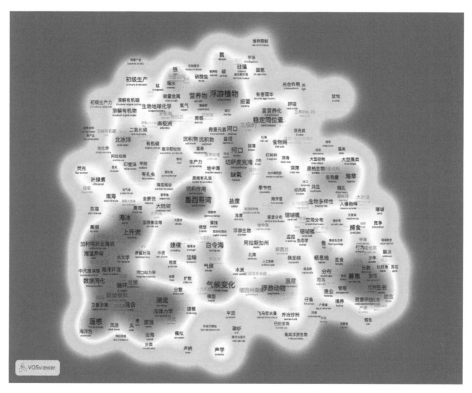

图 3-6　美国在海洋科学领域的研究热点分布

图 3-7 展现的是中国在海洋科学领域的研究热点分布。中国的研究热点主要集中在南海、东海、珠江入海口等海域。其次是通过数值模拟研究泥沙输移、海洋波浪等动力因素的影响。相对于美国而言，中国在浮游植物、浮游动物、生物多样性等生物方面研究得比较少。

图 3-8 展现的是英国在海洋科学领域的研究热点分布。英国的研究热点和美国比较类似，比较全面，包括浮游动物、浮游植物、泥沙输移、气候变化等。在地域上，英国同样关注本国周边海域，如北海、南大洋、北大西洋、大西洋、英吉利海峡、地中海等。

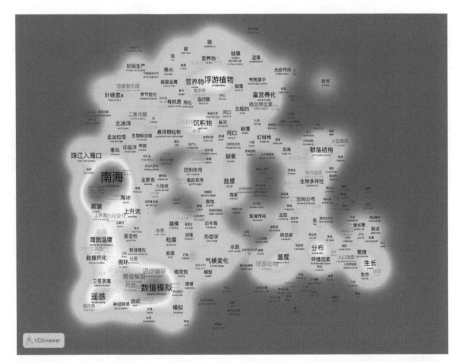

图 3-7　中国在海洋科学领域的研究热点分布

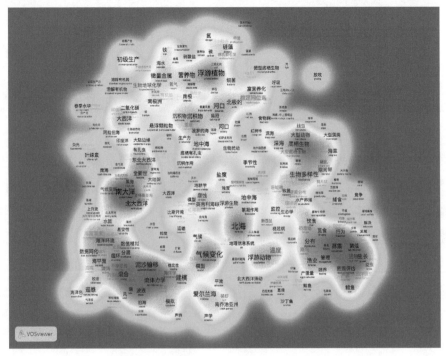

图 3-8　英国在海洋科学领域的研究热点分布

图 3-9 展现的是法国在海洋科学领域的研究热点分布。除了和美国、英国等同样具有比较全面的涉猎，法国还集中研究地中海、南大洋、比斯开湾、英吉利海峡等。

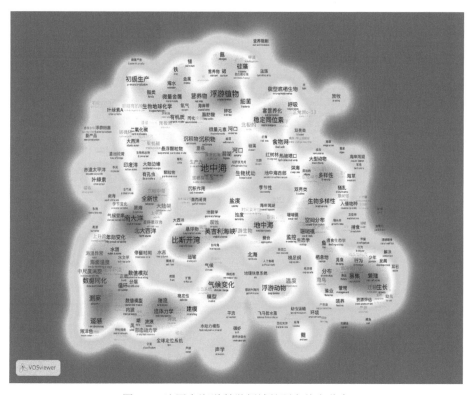

图 3-9 法国在海洋科学领域的研究热点分布

图 3-10 展现的是加拿大在海洋科学领域的研究热点分布。加拿大位于北美洲的北部，东临大西洋，西濒太平洋，北边有许多岛屿，一直伸入北冰洋，受暖流影响显著。加拿大渔业资源颇为丰富，因此海洋生物的生长繁殖以及海洋渔业（尤其是大西洋鳕鱼）是其最大的研究热点。此外，加拿大也比较关注气候变化、北冰洋、海冰、浮游植物等。

图 3-11 展现的是澳大利亚在海洋科学领域的研究热点分布。澳大利亚主要关注的是珊瑚礁、海草、大型藻类、渔业等，而在其他方面的研究相对较少。

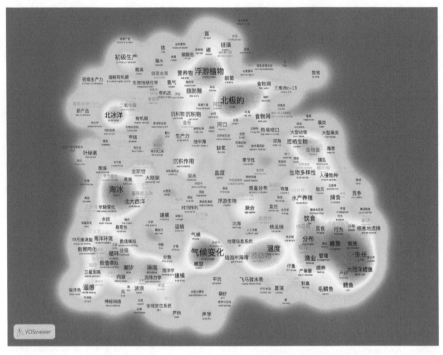

图 3-10　加拿大在海洋科学领域的研究热点分布

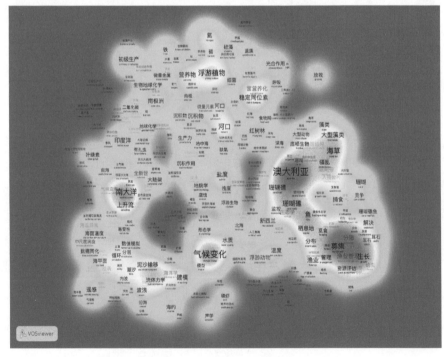

图 3-11　澳大利亚在海洋科学领域的研究热点分布

总结起来，从研究海域来看，美国主要关注墨西哥湾，中国主要关注南海、东海和珠江入海口等，英国主要关注南大洋、北海和爱尔兰海等，法国则主要关注地中海和比斯开湾等。从研究对象来看，美国主要关注浮游植物、浮游动物、气候变化和生物多样性等，中国主要关注自主水下航行器、河口沉积物、浮游植物等，英国主要关注浮游植物、生物多样性、泥沙输移等，法国主要关注气候变化、海底测量等。从研究方法来看，美国主要采用遥感技术和同位素地质学的方法，中国主要采用数值模拟和流体动力学的方法，英国主要采用生物地理学和计算流体力学的方法，法国主要采用遥感和海洋模拟的方法。

二、各国在海洋技术领域的研究热点比较

利用同样的方法，我们分别对美国、中国、日本、英国、挪威和韩国在海洋技术领域的研究特色进行分析。

图 3-12 是美国在海洋技术领域的研究热点分布图。美国在海洋技术领域的研究比较集中，主要研究的是自主水下航行器、水声学、遥感、卫星观测等领域，还有少部分研究集中在泥沙输移、风暴潮、流体力学等领域。

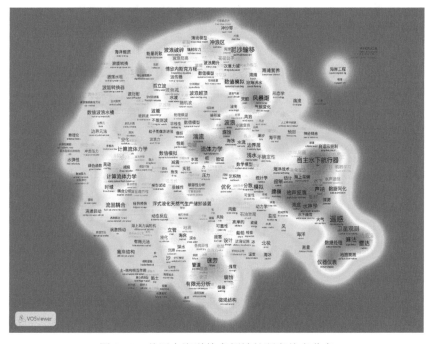

图 3-12　美国在海洋技术领域的研究热点分布

图 3-13 是中国在海洋技术领域的研究热点分布图。与美国不同，中国的研究集中在数值模拟、计算流体力学、模型试验等，偏重理论方面的研究，而对自主水下航行器的研究相对较弱。

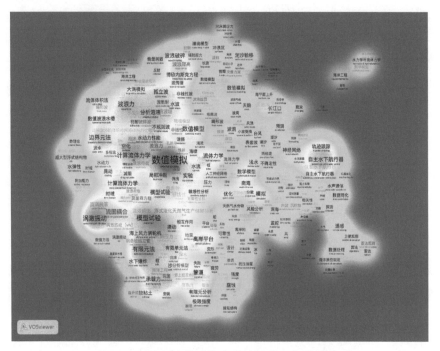

图 3-13　中国在海洋技术领域的研究热点分布

图 3-14 是日本在海洋技术领域的研究热点分布图。日本对海洋工程如何应对海啸、风暴潮等更为关注，同时也致力于自主水下航行器、超大型浮式结构物等工程装备方面的研究。

图 3-15 是英国在海洋技术领域的研究热点分布图。英国的研究比较集中在海岸工程、水力学与流体力学的具体领域，而对其他问题的研究较少涉猎。

图 3-16 是挪威在海洋技术领域的研究热点分布图。挪威作为海洋工程技术方面的强国，在输油、输气海底管道的工程技术方面处于全球领先的优势地位，此外在海上风力涡轮机、浮式风力涡轮机等如何利用海洋风能方面有很强的技术储备。

图 3-17 是韩国在海洋技术领域的研究热点分布图。韩国的研究热点比较分散，既包括防波堤、浮式结构物的晃动问题等研究，也包括有限元分析、模型试验、遗传算法等相对比较偏重理论方向的研究。

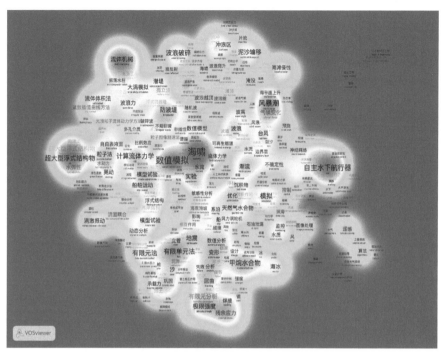

图 3-14　日本在海洋技术领域的研究热点分布

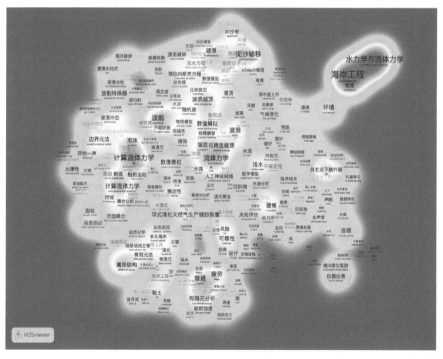

图 3-15　英国在海洋技术领域的研究热点分布

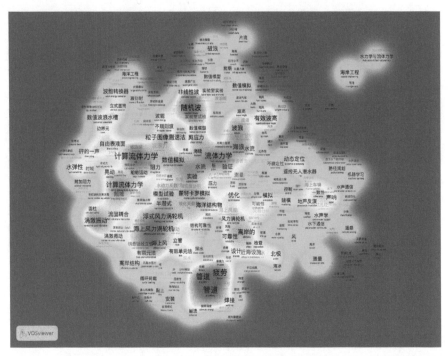

图 3-16 挪威在海洋技术领域的研究热点分布

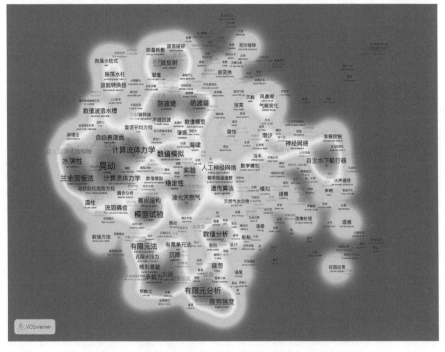

图 3-17 韩国在海洋技术领域的研究热点分布

总体来看，中国的海洋技术领域研究热点是数值模拟、模型试验、有限元法、边界元法等方法的使用。此外，涡激振动和波浪力也是研究热点。美国的海洋技术领域研究热点是遥感、泥沙输移、自主水下航行器、流体力学等。日本由于地震海啸频发，所以其海洋技术领域的研究热点为海啸和风暴潮。

第四节　海洋科学与技术领域的主要专利国家/地区/组织的优势比较

在本节中，我们统计了海洋科学与技术领域专利申请量最多的国家/地区/组织，展现了其专利分布情况，并对这些国家/地区/组织的优势专利进行了分析，尤其是对中国的专利布局进行了计量。

一、海洋科学与技术领域专利的国家/地区/组织分布

在全球专利库中检索海洋领域的专利，得到 10.88 万件专利，其中来自中国的海洋领域专利有 39 504 件，占全部海洋领域专利的 36.3%，远超过其他国家/地区/组织。排第二位的是日本，共有专利 13 414 件，占比 12.3%。中国和日本的专利合计数量接近占全球的一半。其他来自韩国、美国、中国台湾、英国、加拿大和澳大利亚等国家/地区/组织的专利数量也比较多。此外，还有部分专利来自世界知识产权组织（WIPO）和欧盟，占有相当的份额（图 3-18）。

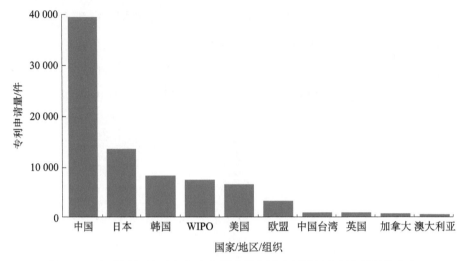

图 3-18　主要国家/地区/组织在海洋科学与技术领域的专利申请量的分布

进一步观察图 3-19 各国家/地区/组织的专利申请量的增长情况可以看出，中国在 2005 年之后海洋科学与技术领域的专利申请量开始快速增加，在后来的 10 年间将其他国家/地区/组织远远甩在后面。这表明了中国在过去的 20 年间对专利布局的重视程度。

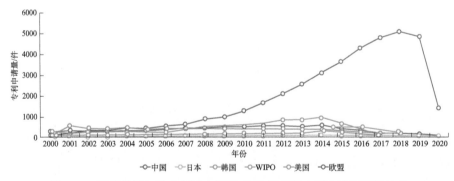

图 3-19　海洋科学与技术领域中国家/地区/组织的专利申请量增长趋势

二、海洋科学与技术领域专利的国家/地区/组织比较

除了专利申请量上的区别，各国家/地区/组织在 IPC 上的布局也不尽相同，具有各自的优势。以 B63B（船舶）、F03B（液力机械或发动机）、A01K（渔业）三个领域为例，几乎在所有的国家/地区/组织，B63B（船舶）都是专利申请量

最多的领域。但是相比于日本和韩国，中国在 F03B（液力机械或发动机）领域
的专利布局更多，而日本和韩国在 A01K（渔业）的专利相对较多（图 3-20）。

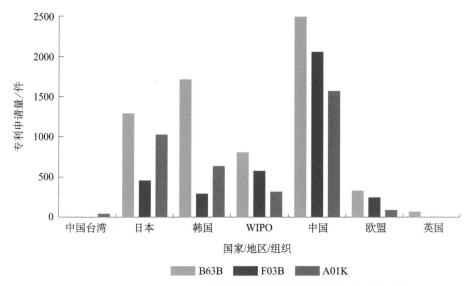

图 3-20　主要国家/地区/组织在海洋科学与技术领域中的专利申请量

特别地，对海洋科学与技术领域的中国专利布局进行统计，并列出排在
前 20 位的 IPC（图 3-21）。排在前 5 位的专利分别是 B63B（船舶）、F03B（液

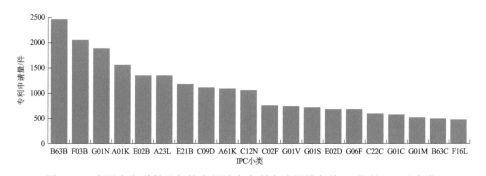

图 3-21　中国在海洋科学与技术领域中专利申请量排名前 20 位的 IPC（小类）

B63B—船舶　F03B—液力机械或发动机　G01N—材料测定分析

A01K—渔业　E02B—水利工程　A23L—食品食料制备　E21B—土层岩石钻进

C09D—涂料或浆料　A61K—医用配制品　C12N—微生物或酶　C02F—废水污水处理

G01V—物质与物体探测　G01S—无线电定向或导航　E02D—挖方或填方

G06F—电数字数据处理　C22C—合金　G01C—测量距离、水准或者方位

G01M—机器或机构部件平衡测试　B63C—水下作业设备　F16L—管子或管件

力机械或发动机）、G01N（材料测定分析）、A01K（渔业）和 E02B（水利工程），与全球专利的整体排序略有不同。例如，相对于全球的专利申请量排序，中国在 G01N（材料测定分析）的专利申请量相对更多。

第四章

海洋科学与技术领域的科研机构分析

科研机构是科学产出的最基本单位,通过搭建设备实验室、组建人才团队、申请科研项目来实现技术创新和研究开发。本章将利用文献计量学的方法,对海洋科学与技术领域发文量和被引次数最多的科研机构进行分析,它们是海洋科学与技术领域的核心力量。

第一节　海洋科学与技术领域的国际科研机构

一、海洋科学领域中的主要国外科研机构及科研机构间的合作网络

（一）主要国外科研机构

在海洋科学领域的 24 万余篇（截至 2019 年）文章中,共提取到 3.8 万

多个科研机构，包括高校、科研院所和政府部门等。表 4-1 列出了主要国外科研机构的发文量、被引次数、篇均被引次数等情况。其中，俄罗斯科学院以 4659 篇的发文量居于全球首位，发文量较多的作者包括俄罗斯科学院希尔绍夫海洋研究所的 M. V. Flint（49 篇）、M. D. Kravchishina（40 篇）、核研究所的 E. N. Pelinovsky（36 篇）等，主要合作机构包括莫斯科罗蒙诺索夫国立大学（271 篇）、远东联邦大学（75 篇）、俄罗斯国立水文气象大学（59 篇），主要合作国家包括美国（226 篇）、德国（194 篇）和乌克兰（96 篇）。不过值得指出的是，以被引次数计算，俄罗斯科学院的篇均被引次数仅为 6.89次，远少于其他高产机构，说明俄罗斯在海洋科学领域的实力还有较大的提升空间。

表 4-1　海洋科学领域发文量最多的科研机构（国外）

机构名称	发文量/篇	被引次数/次	篇均被引次数/次	发文量较多的作者（发文量/篇）	主要合作机构（发文量/篇）	主要合作国家（发文量/篇）
俄罗斯科学院	4 659	32 115	6.89	Flint, M. V.（49）、Krav-chishina, M. D.（40）、Pelin-ovsky, E. N.（36）	莫斯科罗蒙诺索夫国立大学（271）、远东联邦大学（75）、俄罗斯国立水文气象大学（59）	美国（226）、德国（194）、乌克兰（96）
美国伍兹霍尔海洋研究所	4 539	181 032	39.88	Mcgillicuddy, Dennis J.（52）、Beardsley, Robert C.（50）、Doney, Scott C.（47）	华盛顿大学（218）、麻省理工学院（191）、美国国家海洋和大气管理局（185）	英国（270）、加拿大（248）、中国（169）
美国国家海洋和大气管理局	4 254	134 352	31.58	Feely, Richard A.（34）、Wann-inkhof, R.（31）、Mcphaden, M. J.（29）	华盛顿大学（497）、迈阿密大学（289）、俄勒冈州立大学（214）	加拿大（243）、英国（200）、澳大利亚（186）
华盛顿大学	3 450	141 742	41.08	Lee, Craig M.（44）、Thomson, Jim（41）、Alford, Matthew H.（24）	美国国家海洋和大气管理局（454）、伍兹霍尔海洋研究所（218）、加州大学圣迭戈分校（168）	加拿大（211）、英国（148）、德国（103）

续表

机构名称	发文量/篇	被引次数/次	篇均被引次数/次	发文量较多的作者（发文量/篇）	主要合作机构（发文量/篇）	主要合作国家（发文量/篇）
加州大学圣迭戈分校	2 999	127 859	42.63	Ohman，Mark D.（46）、Sprintall，Janet（44）、Gille，Sarah T.（44）	伍兹霍尔海洋研究所（183）、华盛顿大学（168）、美国国家海洋和大气管理局（134）	英国（129）、法国（113）、加拿大（106）
美国海军研究实验室	2 489	52 524	21.10	Chu，Peter C.（29）、Richardson，M.D.（25）、Hwang，P.A.（23）	伍兹霍尔海洋研究所（69）、加州大学圣迭戈分校大学（60）、华盛顿大学（58）	英国（49）、法国（47）、加拿大（40）
俄勒冈州立大学	2 270	93 173	41.05	Barth，John A.（62）、Moum，James N.（52）、Hales，Burke（32）	美国国家海洋和大气管理局（173）、华盛顿大学（147）、伍兹霍尔海洋研究所（132）	加拿大（123）、英国（85）、德国（68）
法国海洋开发研究院	1 987	57 333	28.85	Chapron，B.（50）、Lazure，Pascal（49）、Petitgas，Pierre（34）	法国国家科研中心（124）、巴黎萨克雷大学（107）、西布列塔尼大学（67）	美国（256）、英国（238）、西班牙（160）
迈阿密大学	1 879	69 680	37.08	Johns，We（28）、Olson，D.B.（26）、Chassignet，E.P.（26）	美国国家海洋和大气管理局（260）、伍兹霍尔海洋研究所（86）、哥伦比亚大学（54）	法国（106）、英国（86）、德国（81）
加拿大渔业及海洋部	1 827	53 814	29.45	Han，Guoqi（30）、Michel，Christine（29）、Platt，T.（28）	达尔豪斯大学（168）、纽芬兰大学（88）、魁北克大学（88）	美国（420）、英国（117）、法国（98）

美国的科研机构占据了前 10 位中的 7 个，来自美国的伍兹霍尔海洋研究所以微弱的差距位居第二，发文量为 4539 篇；美国国家海洋和大气管理局以 4254 篇位居第三；华盛顿大学（3450 篇，第四位）、加州大学圣迭戈分校（2999 篇，第五位）、美国海军研究实验室（2489 篇，第六位）等机构的科研论文产量也比较多。此外，法国的海洋开发研究院（1987 篇，第八位）、加拿大的渔业及海洋部（1827 篇，第十位）发文量也比较高。下面将对发文量最多的 5 个科研机构在海洋科学领域的研究特点进行具体介绍。

1. 俄罗斯科学院

俄罗斯科学院的发文量为 4659 篇，被引次数为 32 115 次，篇均被引次数为 6.89 次。

俄罗斯科学院（Russian Academy of Sciences）于 1724 年在圣彼得堡成立，是俄罗斯的最高学术机构，也是主导全国自然科学和社会科学基础研究的中心。俄罗斯科学院希尔绍夫海洋研究所成立于 1946 年，是俄罗斯最大的综合性海洋研究所，致力于海洋学基础理论研究，在海洋动力学、生物结构、世界大洋水文学、世界大洋物理场、海-气关系、海洋中物质变化的化学过程、海底构造、海洋生物生产力的控制等研究方向处于国际领先水平。发文量较多的作者有 M. V. Flint、M. D. Kravchishina、E. N. Pelinovsky 等。研究成果主要发表在 *Okeanologiya*、*Oceanology*、*Izvestiya Atmospheric and Oceanic Physics* 等国际权威学术期刊上。研究方向集中于海洋学、气象和大气科学、光学等。

2. 美国伍兹霍尔海洋研究所

美国伍兹霍尔海洋研究所的发文量为 4539 篇，被引次数为 181 032 次，篇均被引次数为 39.88 次。

伍兹霍尔海洋研究所（Woods Hole Oceanographic Institution）是美国大西洋海岸的综合性海洋科学研究机构，是世界上最大的私立的、非营利性质的海洋工程教育科研机构。它的前身是 1888 年在伍兹霍尔建立的海洋生物研究所，1927 年由美国科学院海洋学委员会开始筹建，1930 年成立。研究人员主要有 Dennis J. Mcgillicuddy、Robert C. Beardsley、Scott C. Doney 等。研究成果主要发表在 *Journal of Geophysical Research Oceans*、*Journal of Physical Oceanography*、*Deep Sea Research Part II: Topical Studies in Oceanography* 等国际权威学术期刊上。研究方向主要侧重海洋学、海洋与淡水生物学、工程学等。

3. 美国国家海洋和大气管理局

美国国家海洋和大气管理局的发文量为 4254 篇，被引次数为 134 352 次，篇均被引次数为 31.58 次。

美国国家海洋和大气管理局（National Oceanic and Atmospheric Administration）于 1970 年 10 月 3 日成立，属于美国商务部下属的科技部门，主要关注地球的大气和海洋变化，提供对灾害天气的预警及海图、空图，对海洋和沿海资源的利用和保护进行管理，研究如何提高对环境的了解和防护。研究人员主要有 Richard A. Feely、R. Wanninkhof、M. J. Mcphaden 等。研究成果主要发表在 *Journal of Geophysical Research Oceans*、*Marine Ecology Progress Series*、*Ices Journal of Marine Science* 等国际权威学术期刊上。研究方向主要侧重于海洋学、海洋淡水生物学、环境科学生态学。

4. 华盛顿大学

华盛顿大学的发文量为 3450 篇，被引次数为 141 742 次，篇均被引次数为 41.08 次。

华盛顿大学（University of Washington）始建于 1861 年，位于美国西海岸的西雅图，是世界著名的顶尖研究型大学，为美国大学协会、环太平洋大学联盟和国际大学气候联盟成员。研究人员主要有 Craig M. Lee、Jim Thomson、Matthew H. Alford 等，研究成果主要发表在 *Journal of Geophysical Research Oceans*、*Journal of Physical Oceanography*、*Limnology and Oceanography* 等国际权威学术期刊上。主要研究方向偏向海洋学、海洋淡水生物学、渔业。

5. 加州大学圣迭戈分校

加州大学圣迭戈分校的发文量为 2999 篇，被引次数为 127 859 次，篇均被引次数为 42.63 次。

加州大学圣迭戈分校（University of California, San Diego）成立于 1960 年，虽只有 60 多年的校史，却已迅速发展成为一所极具学术声望的研究型公立大学，是生物学、海洋科学、地球科学、心理学、政治学、经济学等领域的世界级学术重镇。研究人员主要有 Mark D. Ohman、Janet Sprintall、Sarah T. Gille 等，研究成果主要发表在 *Journal of Geophysical Research Oceans*、*Journal of Physical Oceanography*、*Marine Ecology Progress Series* 等国际权威学术期刊上。主要研究方向偏向海洋学、海洋淡水生物学、环境科学生态学。

（二）科研机构间的合作网络

科研机构之间常常存在着密切的合作关系，机构间的科研合作可以促进优势互补和学科交叉，提高创新水平和影响力。图 4-1 展现了海洋科学领域的主要科研机构及其合作网络，共包括 968 个科研机构，它们的发文量都在 50 篇以上。图 4-1 中，外层的环形展现的是这 968 个科研机构所属的国家或地区。其中，美国的高产机构有 190 个，占 19.6%，高居第一，远超过其他国家或地区。英国有 73 个，占 7.5%，中国有 71 个，占 7.3%，分列第二位和第三位。此外，法国（60 个）、澳大利亚（50 个）、日本（47 个）等国家或地区的高产机构也比较多。

在图 4-1 中的内部网络中，节点的大小表示各机构的发文量，节点的颜色表示各机构所属的国家或地区。例如，红色的是美国科研机构合作群，绿色的是英国科研机构合作群，蓝色的是中国科研机构合作群，黄色的是法国科研机构合作群，紫色的是澳大利亚科研机构合作群。可以发现，同一国家或地区的科研机构通常合作最频繁和密集，但是不同国家或地区的科研机构的产出和合作模式也不尽相同，中国以中国海洋大学、中国科学院海洋研究所为核心，它们的科研产出远超过其他机构。

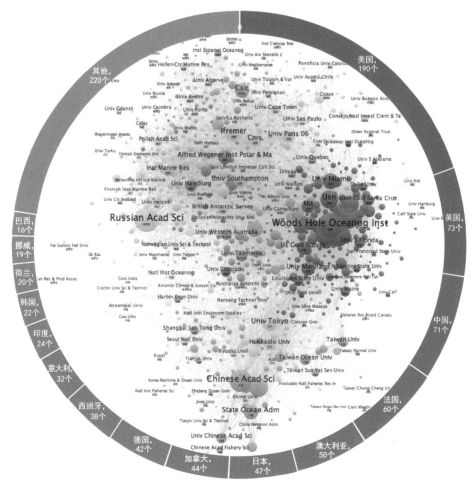

图 4-1 海洋科学领域的科研机构合作网络（国际）

二、海洋技术领域中的主要国外科研机构及科研机构间的合作网络

（一）主要国外科研机构

对海洋技术领域中的高产研究机构进行计量，并列出其中排名前十位的国外高产机构，如表 4-2 所示。该表汇总了这些科研机构的发文量、被引次数、篇均被引次数，以及其发文量较多的作者、主要合作机构和国家或地区等基本情况。下面对海洋技术研究中发文量排在前五位的机构进行解读。

表 4-2　海洋技术领域发文量最多的科研机构（国外）

机构名称	发文量/篇	被引次数/次	篇均被引次数/次	发文量较多的作者（发文量/篇）	主要合作机构（发文量/篇）	主要合作国家或地区（发文量/篇）
美国海军研究实验室	823	9 165	11.14	Richardson, Michael D.（27）、Chiu, C. S.（23）、Chu, Peter C.（21）	宾夕法尼亚州立大学（14）、俄勒冈州立大学（12）、罗得岛大学（10）	加拿大（11）、英国（8）、中国（8）
美国国家海洋和大气管理局	808	12 096	14.97	Xue, Ming（13）、Yu, Tian-You（12）、Zhang, Guifu（12）	马里兰大学（25）、华盛顿大学（22）、威斯康星大学（21）	德国（19）、澳大利亚（17）、中国（15）
挪威科技大学	678	4 836	7.13	Myrhaug, Dag（66）、Moan, Torgeir（39）、Gao, Zhen（28）	丹麦理工大学（18）、挪威国家石油公司（14）、上海交通大学（14）	中国（57）、德国（29）、美国（26）
美国伍兹霍尔海洋研究所	556	12 021	21.62	Lynch, James F.（31）、Chiu, C. S.（24）、Freitag, Lee（18）	新罕布什尔大学（20）、华盛顿大学（19）、美国国家海洋和大气管理局（16）	加拿大（16）、中国台湾（12）、英国（9）
代尔夫特理工大学	526	10 196	19.38	Huijsmans, R. H. M.（25）、Miedema, Sape A.（17）、van Rhee, Cees（15）	荷兰三角洲研究院（75）、武汉理工大学（22）、荷兰联合国教科文组织国际水教育学院（22）	美国（54）、中国（48）、澳大利亚（31）
得州农工大学	513	4 848	9.45	Chen, Hamn-Ching（30）、Chang, Kuang-An（19）、Kim, Moo-Hyun（21）	济州大学（7）、美国船级社（6）、台湾成功大学（6）	韩国（48）、卡塔尔（18）、中国（17）
东京大学	494	2 110	4.27	Tajima, Yoshi-mitsu（32）、Ura, Tamaki（52）、Suzuki, Hideyuki（23）	九州工业大学（16）、日本海上技术安全研究所（15）、早稻田大学（14）	美国（26）、英国（17）、中国（16）

续表

机构名称	发文量/篇	被引次数/次	篇均被引次数/次	发文量较多的作者（发文量/篇）	主要合作机构（发文量/篇）	主要合作国家或地区（发文量/篇）
西澳大学	421	4 967	11.80	Draper, Scott（28）、Gaudin, Christophe（24）、Cassidy, Mark J.（22）	大连理工大学（35）、牛津大学（23）、上海交通大学（17）	中国（83）、英国（64）、美国（21）
印度理工学院	389	4 297	11.05	Sundar, V.（33）、Sahoo, T.（21）、Rao, S.N.（21）	东京大学（10）、印度国家海洋研究所（10）、新加坡国立大学（8）	美国（21）、日本（13）、新加坡（12）
新加坡国立大学	351	3 614	10.30	Potter, J.R.（13）、Jaiman, Rajeev K.（13）、Bai, W.（12）	天津大学（30）、中国船舶及海洋工程设计研究院（30）、纽卡斯尔大学（28）	中国（78）、美国（39）、英国（36）

1. 美国海军研究实验室

美国海军研究实验室的发文量为 823 篇，被引次数为 9165 次，篇均被引次数为 11.14 次。

美国海军（United States Navy）创建于 1775 年 10 月 13 日，是世界上规模最庞大、总排水量吨位最高、装备最先进的海军。美国海军设有研究实验室，是美国海军及海军陆战队的财团法人研究实验室，广泛开展与海洋工程相关的科学研究和先进技术开发，基地坐落于华盛顿特区波托马克河岸，于 1923 年在爱迪生的建议下成立，实验室有研究员、工程师、技术专家和支撑人员等多达 2500 名，还拥有大量的复杂的科学设施。其主要研究方向是利用新型材料、技术、设备、系统，面向海洋应用，进行多学科的科研与技术开发，并为海军提供广泛的专门性科技开发，主要包括为海军提供空间技术与空间系统的开发与技术支持，开展物理、工程、空间、与环境科学的实验室研究，面向海洋作战中心的多学科支持系统展开研究开发，为美国国家地理空间情报局（NGA）提供测绘、制图、大地测量的研究和开发依据。在海洋技术领域的发文量较多的作者有 Michael D. Richardson、C. S. Chiu、Peter C. Chu 等。研究成果主要发表在 *IEEE Journal of Oceanic Engineering*、*Oceans IEEE*、*Sea Technology* 等国际权威学术期刊上。研究方向集中于工程学、海洋学、气象和大气科学等。

2. 美国国家海洋和大气管理局

美国国家海洋和大气管理局的发文量为 808 篇，被引次数为 12 096 次，篇均被引次数为 14.97 次。

美国国家海洋和大气管理局于 1970 年 10 月 3 日成立，隶属于美国商务部下属的科技部门，主要关注地球的大气和海洋变化，提供对灾害天气的预警及海图、空图，对海洋和沿海资源的利用与保护进行管理，研究如何提高对环境的了解和防护。管理局有四个目标，集中在生态系统、气候、气象、水、商业和运输方面。在海洋技术领域发文量较多的作者有 Xue Ming、Yu Tian-You、Zhang Guifu 等。研究成果主要发表在 *Journal of Atmospheric and Oceanic Technology*、*Marine Technology Society Journal*、*Sea Technology* 等国际权威学术期刊上。研究方向集中于工程学、气象和大气科学、海洋学等。

3. 挪威科技大学

挪威科技大学的发文量为 678 篇，被引次数为 4836 次，篇均被引次数为 7.13 次。

挪威科技大学（Norwegian University of Science and Technology）创办于 1760 年，是挪威最顶尖的工程学与工业技术的研究中心，为北欧五校联盟成员。挪威科技大学在石油与海洋技术领域拥有很强的技术和学术实力，属世界一流，其海洋工程学更是位居世界第二。在海洋技术领域发文量较多的作者有 Dag Myrhaug、Torgeir Moan、Gao Zhen 等。研究成果主要发表在 *Ocean Engineering*、*Journal of Offshore Mechanics and Arctic Engineering Transactions of the Asme*、*Applied Ocean Research* 等国际权威学术期刊上。研究方向集中于工程学、海洋学、能源燃料等。

4. 美国伍兹霍尔海洋研究所

美国伍兹霍尔海洋研究所的发文量为 556 篇，被引次数为 12 021 次，篇均被引次数为 21.62 次。

伍兹霍尔海洋研究所创建于 1930 年，位于马萨诸塞州伍兹霍尔，是美国大西洋海岸的综合性海洋科学研究机构，是世界上最大的私立的、非营利性质的海洋工程教育研究机构。它的研究领域十分广泛，包括地球深层的地质活动、动植物和微生物及其在海洋中的相互作用、海岸侵蚀、海洋洋流、海洋污染以及全球气候变化等。在海洋技术领域发文量较多的作者有 James F. Lynch、C. S. Chiu、Lee Freitag 等。研究成果主要发表在 *IEEE Journal of Oceanic Engineering*、*Journal of Atmospheric and Oceanic Technology*、*Oceans IEEE* 等国际权威学术期刊上。研究方向集中于工程学、海洋学、气象和大气科学等。

5. 代尔夫特理工大学

代尔夫特理工大学的发文量为 526 篇，被引次数为 10 196 次，篇均被引次数为 19.38 次。

代尔夫特理工大学（Delft University of Technology）位于荷兰代尔夫特市，创立于 1842 年，是荷兰历史最悠久、规模最大、综合实力最强的理工大学。代尔夫特理工大学在科技领域造诣甚高，在 2020 年 QS 世界大学工科排名中位居世界 15 强。在海洋技术领域发文量较多的作者有 R. H. M. Huijsmans、Sape A. Miedema、Cees van Rhee 等。研究成果主要发表在 *Coastal Engineering*、*Ocean Engineering*、*International Offshore and Polar Engineering Conference Proceedings* 等国际权威学术期刊上。研究方向集中于工程学、海洋学、水资源等。

（二）科研机构间的合作网络

图 4-2 展现了国家或地区之间海洋技术领域科研机构的合作情况。在发文量超过 10 篇的 1002 个机构中，美国有 224 个，占了高产机构数量的近 1/4，远多于其他国家或地区。中国以 121 个高产科研机构排在第二位，日本

排在第三位，有 83 个。其他拥有高产科研机构数量较多的国家或地区还有英国（69 个）、韩国（53 个）、意大利（40 个）、挪威（39 个）等。

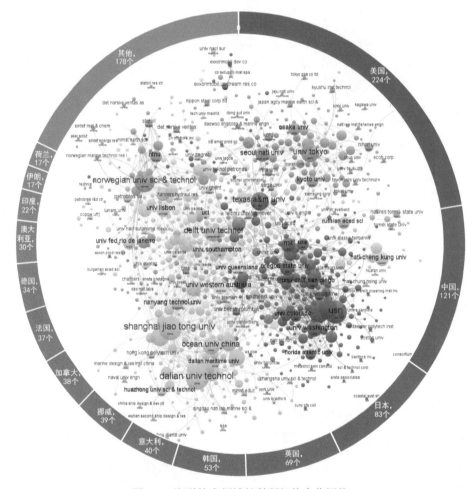

图 4-2　海洋技术领域的科研机构合作网络

从合作网络来看，红色节点代表的是美国科研机构合作群，绿色代表的中国科研机构合作群是图中最致密和独立的子群。此外，蓝色所代表的日本科研机构合作子群和紫色所代表的韩国科研机构合作子群也比较明显。而其他欧洲国家的机构合作网络则错综复杂，在一定程度上超出了国别的范畴。

第二节　海洋科学与技术领域的国内科研机构

一、海洋科学领域中的主要国内机构及其合作网络

（一）主要国内科研机构

表4-3汇总了国内海洋科学领域发文量最多的10个科研机构。其中，中国科学院以3571篇的发文量位列第一，而且其篇均被引次数（10.38次）也多于其他高产机构。中国科学院的高产作者主要包括中国科学院南海海洋研究所的王东晓教授、中国科学院南海海洋研究所的蔡树群教授、中国科学院海洋研究所的王凡所长。位于山东青岛的中国海洋大学作为我国唯一一所以海洋学为特色的双一流高校，以2780篇的发文量位列国内第二，其中来自中国海洋大学信息科学与工程学院的何波教授、中国海洋大学副校长、青岛海洋科学与技术试点国家实验室主任吴立新院士，以及中国海洋大学环境科学与工程学院江文胜院长等发表论文最多。自然资源部直属海洋研究机构是国内海洋科学研究的另一个重镇，共发表论文1587篇，位居第三。其他的高产机构还有中国科学院大学、青岛海洋科学与技术试点国家实验室、厦门大学、浙江大学、上海交通大学、大连理工大学和哈尔滨工程大学等。下面将对排在前五位的高产机构进行详细介绍。

表4-3　海洋科学领域发文量最多的研究机构（国内）

机构名称	发文量/篇	被引次数/次	篇均被引次数/次	发文量较多的作者（发文量/篇）	主要合作机构（发文量/篇）	主要合作国家/地区（发文量/篇）
中国科学院	3 571	37 074	10.38	王东晓（89）、蔡树群（36）、王凡（35）	中国科学院大学（915）、青岛海洋科学与技术试点国家实验室（334）、自然资源部直属海洋研究机构（318）	美国（466）、澳大利亚（101）、德国（77）

机构名称	发文量/篇	被引次数/次	篇均被引次数/次	发文量较多的作者（发文量/篇）	主要合作机构（发文量/篇）	主要合作国家/地区（发文量/篇）
中国海洋大学	2 780	22 154	7.97	何波（45）、吴立新（42）、江文胜（34）	自然资源部直属海洋研究机构（357）、青岛海洋科学与技术试点国家实验室（320）、中国科学院（264）	美国（367）、日本（88）、德国（62）
自然资源部直属海洋研究机构	1 587	14 270	8.99	张杰（44）、乔方利（42）、陈建芳（36）	中国海洋大学（365）、中国科学院（326）、青岛海洋科学与技术试点国家实验室（146）	美国（213）、日本（45）、德国（37）
中国科学院大学	909	3 606	3.97	李新正（21）、张艾群（20）、李超伦（18）	中国科学院（901）、青岛海洋科学与技术试点国家实验室（196）、自然资源部直属海洋研究机构（75）	美国（79）、法国（18）、澳大利亚（17）
青岛海洋科学与技术试点国家实验室	804	2 276	2.83	杨桂朋（20）、魏泽勋（14）、乔方利（14）	中国科学院（332）、中国海洋大学（325）、中国科学院大学（196）	美国（118）、澳大利亚（20）、日本（14）
厦门大学	783	9 890	12.63	戴民汉（69）、胡建宇（38）、黄邦钦（41）	自然资源部直属海洋研究机构（125）、中国科学院（76）、特拉华大学（39）	美国（223）、中国台湾（62）、日本（26）
浙江大学	655	3 314	5.06	徐文（44）、黄豪彩（33）、冷建兴（25）	自然资源部直属海洋研究机构（121）、中国科学院（45）、中国海洋大学（36）	美国（76）、中国台湾（37）、英国（22）
上海交通大学	570	4 318	7.58	邹早建（36）、曾铮（22）、唐文勇（22）	深海工程与高技术船舶协同创新中心（78）、中国船舶及海洋工程设计研究院（21）、格里菲斯大学（20）	美国（49）、英国（47）、澳大利亚（42）

机构名称	发文量/篇	被引次数/次	篇均被引次数/次	发文量较多的作者（发文量/篇）	主要合作机构（发文量/篇）	主要合作国家/地区（发文量/篇）
大连理工大学	518	4 710	9.09	董国海（20）、宗智（19）、岳前进（19）	西澳大学（23）、大连海事大学（20）、江苏科技大学（20）	澳大利亚（41）、英国（38）、新加坡（22）
哈尔滨工程大学	434	2 585	5.96	郭春雨（16）、乔钢（16）、李晔（16）	江苏科技大学（11）、思克莱德大学（11）、哈尔滨工业大学（10）	英国（36）、美国（22）、加拿大（11）

1. 中国科学院

中国科学院的发文量为3571篇，被引次数为37 074次，篇均被引次数为10.38次。

中国科学院（Chinese Academy of Sciences）成立于1949年11月，为中国自然科学最高学术机构、科学技术最高咨询机构、自然科学与高技术综合研究发展中心等。在海洋科学领域发文量较多的作者有王东晓、蔡树群、王凡等。在该领域的论文主要发表于 *Chinese Journal of Oceanology and Limnology*、*Acta Oceanologica Sinica*、*Journal of Geophysical Research Oceans* 等国际权威学术期刊上。研究方向主要有海洋学、海洋与淡水生物学、工程学等。

2. 中国海洋大学

中国海洋大学的发文量为2780篇，被引次数为22 154次，篇均被引次数为7.97次。

中国海洋大学（Ocean University of China）建校于1924年，在海洋科学领域发文量较多的作者有何波、吴立新、江文胜等人。研究成果主要发表在 *Journal of Ocean University of China*、*Acta Oceanologica Sinica*、*Chinese Journal of Oceanology and Limnology* 等国际权威学术期刊上。主要研究方向包括海洋学、海洋与淡水生物学、工程学。

3. 自然资源部直属海洋研究机构

自然资源部直属海洋研究机构的发文量为 1587 篇，被引次数为 14 270次，篇均被引次数为 8.99 次。

自然资源部直属海洋研究机构包括自然资源部第一海洋研究所、自然资源部第二海洋研究所、自然资源部第三海洋研究所、国家海洋技术中心、天津海水淡化与综合利用研究所、海洋发展战略研究所、国家海洋标准计量中心、国家海洋环境预报中心（海啸预警中心）等，原归属于国家海洋局（2018 年撤销，并入自然资源部）。这些海洋研究机构以促进海洋科技进步为使命，致力于中国海、大洋和极地海洋科学研究，海洋环境与资源探测、勘查的高新技术研发与应用等，服务于海洋资源环境管理、海洋国家安全和海洋经济发展，是国家科技创新体系中的重要海洋科研实体。在海洋科学领域发文量较多的作者有张杰、乔方利、陈建芳等，研究成果主要发表在 *Acta Oceanologica Sinica*、*Journal of Geophysical Research Oceans*、*Chinese Journal of Oceanology and Limnology* 等国际权威学术期刊上。研究方向主要侧重于海洋学、海洋与淡水生物学、地质学。

4. 中国科学院大学

中国科学院大学的发文量为 909 篇，被引次数为 3606 次，篇均被引次数为 3.97 次。

中国科学院大学（University of Chinese Academy of Sciences）的前身是 1963 年开始试办的中国科学院研究生院，1978 年正式建校，校名为中国科学技术大学研究生院，是经党中央国务院批准创办的新中国第一所研究生院。2012 年 6 月，经教育部批准更名为中国科学院大学。在海洋科学领域发文量较多的作者有李新正、张艾群、李超伦等，研究成果主要发表在 *Chinese Journal of Oceanology and Limnology*、*Acta Oceanologica Sinica*、*Journal of Oceanology and Limnology* 等国际权威学术期刊上。研究方向主要有海洋学、海洋与淡水生物学、工程学等。

5. 青岛海洋科学与技术试点国家实验室

青岛海洋科学与技术试点国家实验室的发文量为 804 篇，被引次数为

2276 次，篇均被引次数为 2.83 次。

青岛海洋科学与技术试点国家实验室主要依托中国海洋大学、中国科学院海洋研究所、自然资源部第一海洋研究所、中国水产科学研究院黄海水产研究所、自然资源部青岛海洋地质研究所 5 家单位联合共建，是科技部于 2006 年启动筹建的 10 个国家实验室之一。在海洋科学领域发文量较多的作者有杨桂朋、魏泽勋、乔方利等。研究成果主要发表在 *Journal of Oceanology and Limnology*、*Journal of Ocean University of China*、*Journal of Geophysical Research Oceans* 等国际权威学术期刊上。研究方向主要有海洋学、海洋与淡水生物学、地质学。

（二）科研机构间的合作网络

为了展现海洋科学领域国内各科研机构之间的合作情况，选取发文量多于 5 篇的国内学院级科研机构共 913 个，构建合作网络，并基于合作关系的强弱进行了聚类，如图 4-3 所示。图中节点的大小表示该机构发文量的多少，

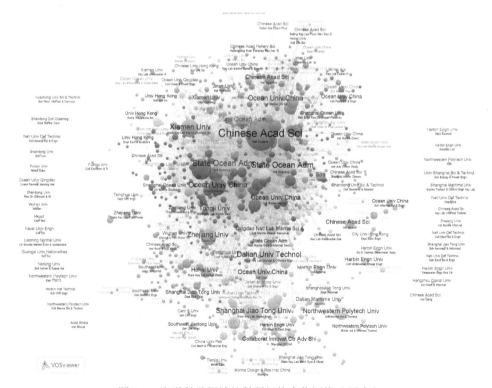

图 4-3 海洋科学领域的科研机构合作网络（国内）

节点的颜色表示该机构所属的聚类，同一聚类的机构具有更多的科研合作。总体来看，在海洋科学领域，中国科学院各研究所为代表的合作群处于整个合作网络的中心，围绕这一子群的是国内在海洋科学领域表现突出的几个理工院校，如中国海洋大学、厦门大学、浙江大学、大连理工大学、上海交通大学等。

二、海洋技术领域中的主要国内科研机构及其合作网络

（一）主要国内科研机构

本书对国内海洋技术领域中的主要科研机构进行了调研，表 4-4 汇总了海洋技术领域主要国内科研机构的发文量、被引次数、篇均被引次数等基本情况，从而可对各科研机构进行简单的比较分析。从中选取 5 个具有代表性的科研机构，对其在海洋技术领域的研究进行详细分析。

表 4-4　海洋技术领域发文量最多的科研机构（国内）

机构名称	发文量/篇	被引次数/次	篇均被引次数/次	发文量较多的作者（发文量/篇）	主要合作机构（发文量/篇）	主要合作国家（发文量/篇）
上海交通大学	899	4792	5.33	付世晓（41）、万德成（40）、邹早建（22）	天津大学（30）、中国船舶及海洋工程设计研究院（30）、纽卡斯尔大学（28）	英国（76）、美国（65）、澳大利亚（54）
大连理工大学	874	5662	6.48	岳前进（44）、董国海（32）、马玉祥（28）	西澳大学（34）、中国科学院（27）、大连海事大学（22）	英国（55）、澳大利亚（47）、新加坡（29）
哈尔滨工程大学	502	2602	5.18	任慧龙（25）、孙海（16）、段文洋（15）	密歇根大学（16）、思克莱德大学（15）、上海交通大学14）	英国（57）、美国（36）、挪威（9）
中国科学院	466	3165	6.79	高福平（19）、张艾群（17）、马力（16）	中国科学院大学（88）、大连理工大学（27）、佐治亚理工学院（12）	美国（47）、澳大利亚（27）、加拿大（10）

续表

机构名称	发文量/篇	被引次数/次	篇均被引次数/次	发文量较多的作者（发文量/篇）	主要合作机构（发文量/篇）	主要合作国家（发文量/篇）
河海大学	459	1913	4.17	郑金海（42）、张继生（32）、陈永平（21）	南京水利科学研究院（47）、大连理工大学（19）、上海交通大学（17）	英国（40）、美国（30）、澳大利亚（21）
中国海洋大学	448	1965	4.39	董胜（28）、何波（24）、梁丙辰（22）	青岛海洋科学与技术试点国家实验室（20）、青岛科技大学（17）、中国计量大学（16）	美国（47）、英国（21）、日本（18）
浙江大学	401	1852	4.62	白勇（32）、杨灿军（23）、国振（22）	浙江工业大学（17）、河海大学（13）、杭州电子科技大学（12）	美国（20）、英国（19）、澳大利亚（14）
天津大学	399	1791	4.49	刘海笑（23）、丁红岩（17）、张浦阳（16）	上海交通大学（30）、大连理工大学（12）、南洋理工大学（8）	美国（29）、英国（18）、澳大利亚（11）
武汉理工大学	184	723	3.93	严新平（24）、杨平（23）、朱凌（22）	代尔夫特理工大学（22）、内河航运技术湖北省重点实验室（16）、里斯本大学（15）	英国（23）、荷兰（23）、葡萄牙（16）
南京水利科学研究院	167	418	2.50	左其华（12）、王登婷（7）、夏云峰（6）	河海大学（47）、东南大学（9）、大连理工大学（7）	新加坡（2）、保加利亚（2）、英国（1）

1. 上海交通大学

上海交通大学的发文量为 899 篇，被引次数为 4792 次，篇均被引次数为 5.33 次。

2013 年 7 月 25 日，在国家发展海洋强国战略的关键时期，上海交通大学（Shanghai Jiao Tong University）成立海洋研究院，以认知海洋、资源环境保护和利用、全球变化治理及海洋安全等为目标，组建了物理海洋、化学海洋、深海生物、海洋生态和海洋技术等多个研究团队，致力于开展海洋综合过程观测、全球气候变化、深海生命过程、潜水器、水下观测技术及智慧海洋环境观测系统等领域的研究。在海洋技术领域发文量较多的作者有付世晓、万德成、邹早建等。研究成果主要发表在 *Ocean Engineering*、*China Ocean Engineering*、*Applied Ocean Research* 等国际权威学术期刊上。研究方向集中于工程学、海洋学、水资源等。

2. 大连理工大学

大连理工大学的发文量为 874 篇，被引次数为 5662 次，篇均被引次数为 6.48 次。

大连理工大学（Dalian University of Technology）创建于 1949 年 4 月。1986 年由国家计划委员会批准筹建海岸和近海工程国家重点实验室。实验室主要研究方向为海洋动力环境与流固耦合作用、陆海水域环境与海岸侵蚀防治、海岸与跨海工程及其防灾减灾、海洋资源开发基础设施工程、海洋工程智慧运维与全寿命安全。在海洋技术领域发文量较多的作者有岳前进、董国海、马玉祥等。研究成果主要发表在 *Ocean Engineering*、*China Ocean Engineering*、*Applied Ocean Research* 等国际权威学术期刊上。研究方向集中于工程学、海洋学、水资源等。

3. 哈尔滨工程大学

哈尔滨工程大学的发文量为 502 篇，被引次数为 2602 次，篇均被引次数为 5.18 次。

哈尔滨工程大学（Harbin Engineering University）创建于 1953 年，是我国船舶工业、海军装备、海洋开发、核能应用领域最大的高层次人才培养基地和重要的科学研究基地。在海洋技术领域发文量较多的作者有任慧龙、孙海、段文洋等。研究成果主要发表在 *Ocean Engineering*、*China Ocean Engineering*、*Applied Ocean Research* 等国际权威学术期刊上。研究方向集中于工程学、海洋学、水资源等。

4. 中国科学院

中国科学院的发文量为 466 篇，被引次数为 3165 次，篇均被引次数为 6.79 次。

中国科学院成立于 1949 年 11 月，于 2011 年成立深海科学与工程研究所（简称深海所），由海南省人民政府、三亚市人民政府和中国科学院三方联合共建，位于海南省三亚市鹿回头半岛，开展与深海有关的科学问题研究，同时以深海观测方法与仪器设备、深海潜器技术、海洋资源开发与利用等为主要研究方向，重点发展与海洋科学研究、深海开发结合密切的深海工程技术与装备，从装备、条件和设施上支撑开展深海科学和海洋工程的研究。在海洋技术领域发文量较多的作者有高福平、张艾群、马力等。研究成果主要发表在 *Ocean Engineering*、*China Ocean Engineering*、*Journal of Atmospheric and Oceanic Technology* 等国际权威学术期刊上。研究方向集中于工程学、海洋学、水资源等。

5. 河海大学

河海大学的发文量为 459 篇，被引次数为 1913 次，篇均被引次数为4.17 次。

河海大学（Hohai University）创办于 1915 年，是以水利为特色、工科为主、多学科协调发展的教育部直属高校。建有水文水资源与水利工程科学国家重点实验室、水资源高效利用与工程安全国家工程研究中心、海岸灾害及防护教育部重点实验室、水安全与水科学协同创新中心等科研机构。在海洋技术领域发文量较多的作者有郑金海、张继生、陈永平等。研究成果主要发表在*China Ocean Engineering*、*Ocean Engineering*、*Marine Georesources and Geotechnology* 等国际权威学术期刊上。研究方向集中于工程学、水资源、海洋学等。

（二）科研机构间的合作网络

图 4-4 展现了国内在海洋技术领域的主要科研机构及其合作关系。该图共包含发文量在 5 篇以上的 345 个学院级机构。节点大小表示这些机构发文量的多少，节点的颜色表示这些机构所属的聚类。在海洋技术领域形成了几个合作群，如上方以大连理工大学、西北工业大学为核心的子群，左侧以上海交通大学各院系或实验室为主体的子群，右侧以中国海洋大学、中国科学院为主体的子群等。

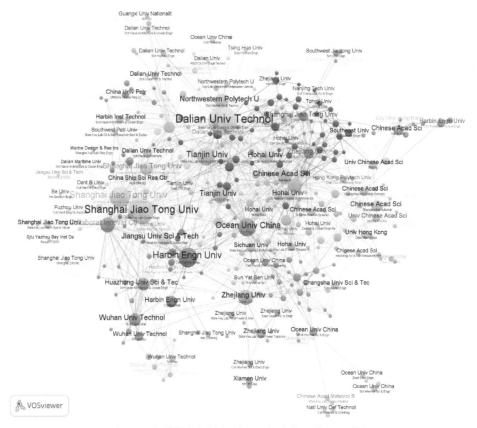

图 4-4　海洋技术领域的科研机构合作网络（国内）

第三节　海洋科学与技术领域中的
主要专利机构分析

科研论文的计量可以展现各科研机构在海洋科学与技术基础研究方面的布局情况，而专利计量则可以反映各科研机构在应用方面的布局情况。

一、全球海洋科学与技术领域的专利授权机构分析

从表 4-5 来看，排名前 20 位的专利授权机构主要来自中国（15 家），还有来自韩国的 3 家以及来自美国、挪威的各 1 家。中国海洋大学以 500 件专利授权量居首位，显著高于排名第二的中国海洋石油集团有限公司（403 件）和排名第三的大连理工大学（354 件）。韩国的大宇造船海洋株式会社排名第四，授权专利数为 307 件；美国海军研究实验室排名第五，授权专利数为 281 件。

表 4-5　全球海洋科学与技术领域的主要专利授权机构

专利授权机构	国别	专利数 / 件	占比 /%
中国海洋大学	中国	500	0.460
中国海洋石油集团有限公司	中国	403	0.370
大连理工大学	中国	354	0.325
大宇造船海洋株式会社	韩国	307	0.282
美国海军研究实验室	美国	281	0.258
三星重工业株式会社	韩国	280	0.257
中国科学院海洋研究所	中国	272	0.250
韩国海洋科学技术院	韩国	263	0.242
浙江大学	中国	242	0.222
浙江海洋学院	中国	242	0.222
上海交通大学	中国	229	0.211
中国石油大学（华东）	中国	208	0.191
哈尔滨工程大学	中国	204	0.188
上海海洋大学	中国	187	0.172
天津大学	中国	182	0.167
浙江海洋大学	中国	176	0.162
山东省科学院海洋仪器仪表研究所	中国	141	0.130
西南石油大学	中国	127	0.117
海洋石油工程股份有限公司	中国	127	0.117
挪威地球物理勘探公司（PGS）	挪威	127	0.117

二、全球海洋科学与技术领域的专利申请机构分析

与专利授权机构不同，对专利申请机构的分析可以展现未来几年的专利布局（表 4-6）。从专利申请机构来看，排名前 10 的申请机构中，有 6 家为企业、3 家为高校、1 家为科研院所，全部来自东亚地区的国家，其中中国 5 家、韩国 3 家、日本 2 家。其中排名第一的是韩国的大宇造船海洋株式会社，共申请专利 1070 件；排名第二的是中国海洋大学，共申请专利 865 件；排名第三的是三菱重工株式会社，申请专利 831 件。其他排在前 10 的机构还有大连理工大学、中国海洋石油集团有限公司、现代重工业股份公司、中国科学院海洋研究所、三星重工业株式会社和哈尔滨工程大学。

表 4-6　全球海洋科学与技术领域的主要专利申请机构

专利申请机构	专利数 / 件	活动年限 / 年	发明人数 / 人	引用专利数 / 件	被引次数 / 次	引证率 /%	技术独立性
大宇造船海洋株式会社	1070	15	996	1133	631	0.59	0
中国海洋大学	865	19	1690	1931	1160	1.34	0.127
三菱重工株式会社	831	39	1090	659	1818	2.19	0
大连理工大学	572	19	856	1851	698	1.22	0.132
中国海洋石油集团有限公司	555	15	2003	1576	1281	2.31	0.126
现代重工业股份公司	523	24	578	191	213	0.41	0
中国科学院海洋研究所	506	24	599	1233	773	1.53	0.160
三星重工业株式会社	503	22	635	743	418	0.83	0
哈尔滨工程大学	502	17	1447	1501	708	1.41	0.189

专利申请机构的技术布局反映了其研发投入的主要方向，同时预示着其产品研发趋势。对排名前五位的专利申请机构的专利布局进行分析，得到其在各主要类别的专利申请情况，如图 4-5 所示。可以看出，韩国的大宇造船海洋株式会社和日本的三菱重工株式会社都是在 B63B（船舶），而中国的 3 家机构的专利布局则相对更均匀。例如，中国海洋大学在 G01N（材料测定分析）、C12P（发酵合成物）、C12R（发酵微生物）、G06F（电数字数据处理）和 A61P（化合物特定治疗活性）等诸多与生活、化学有关的领域有不错的表现。大连理工大学也在 B63B（船舶）、F03B（液力机械或发动机）、

G01N（材料测定分析）、G01M（机器或结构部件平衡测试）等领域都有布局。中国海洋石油集团有限公司的专利则主要集中在 B63B（船舶）、E02B（水利工程）、F16L（管子和管件）等领域。

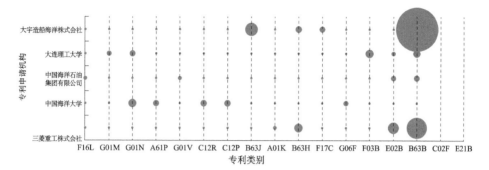

图 4-5　海洋科学与技术领域主要专利申请机构的布局

F16L—管子或管件　G01M—机器或机构部件平衡测试　G01N—材料测定分析

A61P—药物制剂的特定治疗活性　G01V—物质与物体探测　C12R—微生物相关

C12P—发酵或使用酶合成化合物　B63J—船上辅助设备　A01K—渔业

B63H—船舶推进或操舵装置　F17C—贮气罐　G06F—电数字数据处理

F03B—液力机械或发动机　E02B—水利工程　B63B—船舶

C02F—废水污水处理　E21B—土层岩石钻进

进一步分析排在前五位的中国专利申请机构在 1995～2020 年的增长情况，如图 4-6 所示。可以看出，除中国海洋石油集团有限公司在 2014 年达到峰值并开始下降之外，其他各机构基本都呈现上升趋势。在 2010～2020 年，中国海洋大学、大连理工大学、哈尔滨工程大学等依次开始了其高速增长之路，展现了对海洋领域的专利布局的实力。

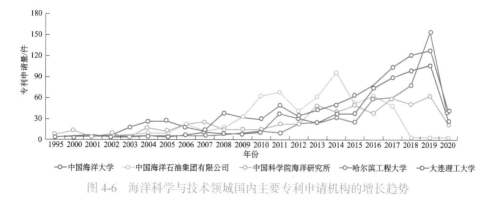

图 4-6　海洋科学与技术领域国内主要专利申请机构的增长趋势

第四节 兴起中的青岛海洋科学
与技术试点国家实验室

青岛海洋科学与技术试点国家实验室由科技部和山东省、青岛市共同建设，充分调动中央各部门及地方的积极性，整合全国海洋科学与技术资源，在体制机制上大胆改革、积极探索，服务国家海洋战略。青岛海洋科学与技术试点国家实验室主要依托中国海洋大学、中国科学院海洋研究所、自然资源部第一海洋研究所、中国水产科学研究院黄海水产研究所、自然资源部青岛海洋地质研究所 5 家单位联合共建，是国家海洋科技创新体系的重要组成部分。青岛海洋科学与技术试点国家实验室是国家所拥有的并赖以解决国家急需的、具有战略意义的研究机构，代表我国在海洋科学与技术领域的最高水平。2015 年 10 月 30 日，青岛海洋科学与技术试点国家实验室正式启用。

一、青岛海洋科学与技术试点国家实验室的人才分布

青岛海洋科学与技术试点国家实验室虽然组建时间很短，可是有赖于新型举国体制的强大制度优势，迅速集结了一大批海洋科学与技术领域的顶尖人才。下面分别从海洋科学和海洋技术两个领域，选取发文量最多的十位作者进行介绍。

（一）海洋科学领域

海洋科学领域发文量最多的十位作者如表 4-7 所示。

表 4-7 青岛海洋科学与技术试点国家实验室的科研人才情况（海洋科学领域）

作者	发文量 / 篇	被引次数 / 次	篇均被引次数 / 次
杨桂朋	20	51	2.55
魏泽勋	14	50	3.57

续表

作者	发文量/篇	被引次数/次	篇均被引次数/次
乔方利	14	59	4.21
贾永刚	13	46	3.54
石学法	13	151	11.62
李超伦	12	30	2.50
吕咸青	11	24	2.18
王　凡	11	38	3.45
俞志明	10	60	6.00
陈　戈	9	33	3.67

从中选取 5 位具有代表性的研究人员，对其在海洋科学领域的研究贡献进行详细分析。

1. 杨桂朋

杨桂朋任职于海洋生态与环境科学功能实验室，发文量为 20 篇，被引次数为 51 次，篇均被引次数为 2.55 次。

杨桂朋是教育部"长江学者奖励计划"获得者，国家杰出青年科学基金获得者，山东省"泰山学者"，"新世纪百千万人才工程"国家级人选，国家重点研发计划项目"中国东部陆架海域生源活性气体的生物地球化学过程及气候效应"首席科学家，青岛海洋科学与技术试点国家实验室"鳌山人才"卓越科学家，国家级教学团队（海洋化学课程）负责人，全国优秀科技工作者，享受国务院政府特殊津贴。

杨桂朋主要从事海洋生源活性气体的生物地球化学、海洋光化学、海洋有机化学、海洋界面化学的研究工作。担任国际一流刊物 *Marine Pollution Bulletin* 主编，*Marine Chemistry*、*Continental Shelf Research*、*Journal of Oceanology and Limnology* 副主编，海洋研究科学委员会（SCOR）海洋微表层工作组成员，中国海洋湖沼学会常务理事、海洋化学分会副理事长，山东化学化工学会副理事长。在海洋二甲基硫（DMS）、挥发性卤代烃（VHCs）、一氧化碳（CO）、非甲烷烃（NMHCs）等活性气体的生物地球化学及气候效应研究领域具有很大国际影响力。

2. 魏泽勋

魏泽勋任职于区域海洋动力学与数值模拟功能实验室，发文量为 14 篇，被引次数为 50 次，篇均被引次数为 3.57 次。

魏泽勋，现任自然资源部第一海洋研究所研究员，博士研究生导师。1993 年于中国科学技术大学获得理学学士学位，1999 年和 2004 年于中国科学院研究生院分别获得理学硕士和理学博士学位。1993 年进入中国科学院海洋研究所工作，2003 年调入国家海洋局第一海洋研究所工作至今，2010 年开始担任国家海洋局第一海洋研究所海洋环境与数值模拟研究室主任。

魏泽勋的研究领域主要包括海洋潮汐潮流和西太平洋与中国近海海洋环流。近年来，他主要关注太平洋—印度洋水交换及其南海分支的研究。他的研究团队发起，与印度尼西亚和美国海洋学家共同开展了南海与印度尼西亚海水交换及印度尼西亚贯穿流海域水输运、内波和混合的合作研究。他是中国海洋学会和中国海洋与湖沼学会会员，担任潮汐与海平面专业委员会副秘书长。

3. 乔方利

乔方利任职于区域海洋动力学与数值模拟功能实验室，发文量为 14 篇，被引次数为 59 次，篇均被引次数为 4.21 次。

乔方利为博士研究生导师，二级研究员。担任联合国教育、科学及文化组织政府间海洋学委员会海洋动力学和气候培训与研究区域中心主任、中国海洋学会海气相互作用工作委员会主任等，任北太平洋海洋科学组织（PICES）国家代表、海洋研究科学委员会中国委员会副主席、国际海洋物理科学协会（IAPSO）中国委员会副主席、担任国际期刊 *Ocean Modelling* 和 *Journal of Marine Systems* 编委。曾任全球变化研究重大科学研究计划项目首席科学家、山东省学位委员会委员等职务。

乔方利在国际上率先建立了实用的浪致混合理论，首次揭示浪致混合在上层海洋中起主导作用。研制了首个含海浪的地球气候系统模式和海浪-潮流-环流耦合模式，显著降低了海洋模式夏季模拟的混合层偏浅、气候模式热带偏差等数值模式的共性问题。所发展的含浪地球气候系统模式 FIO-ESM 参加了第五次国际气候模式对比计划。他指出日本福岛核泄漏影响全球的 3 条路径，提出近海上升流的新机制，发现海南岛西侧夏季上升流，阐明了浒苔在黄海大规模暴发的动力学原因，提出了浒苔漂移的通道理论。

4. 贾永刚

贾永刚系海洋地质过程与环境功能实验室成员，发文量为 13 篇，被引次数为 46 次，篇均被引次数为 3.54 次。

贾永刚为教授、博士研究生导师，山东省海洋环境地质工程重点实验室主任，兼任国际工程地质与环境协会（IAEG）海洋工程地质委员会（MEGC，C34）主席，中国地质学会工程地质专业委员会海洋工作委员会主任，中国岩石力学与工程学会海洋工程与地质灾害防控分会（筹）理事长。

贾永刚长期围绕海洋工程地质原位观测技术及方法、海洋地质灾害监测预警、海底边界层动态变化过程、海洋土力学性质测试及评价、海洋沉积物动力响应与灾变过程等开展研究。主持国家重点研发计划项目、国家自然科学基金重大仪器专项、国家自然科学基金重点基金项目及中国地质调查局、中国石油化工集团有限公司、中国电力建设集团的应用类研究项目。研究成果原创性地建立了海洋底边界层动态变化过程的原位观测技术方法，系统揭示了浅海区波致沉积物液化对海床侵蚀、滑坡灾害的控制作用，阐明了深海地质灾害过程机制与定量预测分析，实际应用于海洋工程开发地质灾害防控。

5. 石学法

石学法系海洋地质过程与环境功能实验室成员，发文量为 13 篇，被引次数为 151 次，篇均被引次数为 11.62 次。

石学法，自然资源部第一海洋研究所地质室主任、自然资源部海洋地质与成矿作用重点实验室主任、中国大洋样品馆馆长。

石学法主要从事海洋地质和海底成矿作用研究，担任多个航次首席科学家。全国优秀科技工作者，入选"新世纪百千万人才工程"国家级人选、山东省"泰山学者攀登计划"等。主要成果包括：①对中国海及亚洲大陆边缘沉积地质学开展了系统研究，构建了我国海洋底质调查标准体系，主编了多种比例尺底质分布图，阐述了我国近海底质环境演化规律；发起实施了"亚洲大陆边缘源-汇作用过程"国际计划，实现了对亚洲大陆边缘从北极陆架到孟加拉湾的底质调查研究，编制了该区首幅1∶350万沉积物类型图，使我国成为目前国际上唯一系统拥有这一广阔海区样品和资料的国家，初步阐述了亚洲大陆边缘沉积物"源-汇"过程和机制。②在国内率先开展了深海稀土资源调查研究，划分出4个深海富稀土成矿带，首次在中印度洋海盆和东南太平洋发现大面积富稀土沉积，评估了全球深海稀土资源潜力。③领导团队在南大西洋中脊开展了热液硫化物调查研究，在国际上首次在南大西洋发现了大范围热液成矿区，推进了慢速扩张脊热液成矿作用研究，将我国的深海活动扩展到大西洋。

（二）海洋技术领域

海洋技术领域发文量最多的十位作者如表4-8所示。

表4-8　青岛海洋科学与技术试点国家实验室的科研人才情况（海洋技术领域）

作者	发文量/篇	被引次数/次	篇均被引次数/次
吕咸青	6	16	2.67
黄豪彩	5	9	1.80
陈 戈	3	18	6.00
阚光明	3	5	1.67
李官保	3	5	1.67
刘保华	3	5	1.67
孟宪伟	3	5	1.67
王建强	3	5	1.67
汪东平	3	3	1.00
贾永刚	3	2	0.67

从中选取3位具有代表性的研究人员，对其在海洋技术领域的研究贡献进行详细分析。

1. 吕咸青

吕咸青任职于区域海洋动力学与数值模拟功能实验室，发文量为6篇，被引次数为16次，篇均被引次数为2.67次。

吕咸青为教授，博士研究生导师。从事海洋动力学数值模拟与同化研究，在数值模型与观测资料的有机结合方面做出了一系列创新成果。对传统调和分析方法进行改进，提出了非平稳潮汐调和分析方法（EHA），并将其应用于验潮站资料、内潮潜标观测资料和河流潮汐资料的分析中。研究方向为海洋动力学、海洋生态系统动力学、数据同化、资料分析等。

2. 黄豪彩

黄豪彩系青岛海洋科学与技术试点国家实验室"问海计划"项目主持人，发文量为5篇，被引次数为9次，篇均被引次数为1.80次。

黄豪彩为教授，博士研究生导师，现任浙江大学海洋工程与技术研究所副所长，国际水中机器人联盟海洋装备专项委员会主任，"海洋工程与技术"本科专业负责人。主要从事海洋观测与探测技术、潜水器技术、海洋仿生机器人技术等研究。

3. 陈戈

陈戈任职于区域海洋动力学与数值模拟功能实验室，发文量为3篇，被引次数为18次，篇均被引次数为6.00次。

陈戈为教授，博士研究生导师，中国海洋大学信息科学与工程学院院长。教育部"长江学者奖励计划"海洋遥感学科特聘教授，国家杰出青年科学基金获得者；入选人力资源和社会保障部等七部委"新世纪百千万人才工程"国家级人选，是"中国青年科技奖"和"山东省十大杰出青年"称号获得者，被评为"山东省有突出贡献的中青年专家"和"青岛市专业技术拔尖人才"，享受国务院政府特殊津贴。

陈戈长期从事卫星海洋遥感与海洋信息技术领域的工作，近年来的研究方向拓展到数字城市与海洋、大数据挖掘、无人对海观测，以及虚拟现实/地理信息系统（VR/GIS）技术在数字海洋中的应用等领域，在上述领域取得了一系列具有自主知识产权的原创性成果。

二、青岛海洋科学与技术试点国家实验室的研究主题

在筹建之初，青岛海洋科学与技术试点国家实验室就确定了海洋动力过程与气候变化、海洋生命过程与资源利用、海底过程与油气资源、海洋生态环境演变与保护、深远海和极地极端环境与战略资源、海洋技术与装备的重点研究方向，将西太平洋—南海—印度洋动力过程与环境气候安全（透明海洋）、蓝色生命过程与资源开发利用（蓝色粮仓）、西太平洋洋陆过渡带深部过程与资源环境效应作为未来 3～5 年的重大科研任务。同时，启动高性能科学计算与系统仿真、海洋药物筛选、海洋科学考察船队等大型平台和海上试验场等大型设施建设，力争未来三年进入世界著名海洋科研中心之列。

通过分析青岛海洋科学与技术试点国家实验室所发表的 SCI 论文，抽取其高频关键词，可以生成其在海洋科学与技术领域的研究热点分布图，如图4-7 和图 4-8 所示。可以看出，在海洋科学领域，青岛海洋科学与技术试点国家实验室主要关注对东海、南海两个海域的研究，致力于研究泥沙输移、风

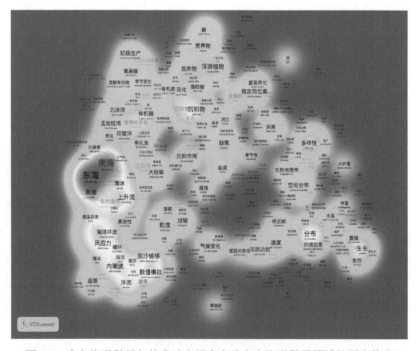

图 4-7　青岛海洋科学与技术试点国家实验室在海洋科学领域的研究热点

应力、内潮波等问题。在海洋技术领域，青岛海洋科学与技术试点国家实验室主要关注遥感、计算流体力学、孔隙压力、风力涡轮机、井式水轮机、振荡水柱等工程或技术问题。

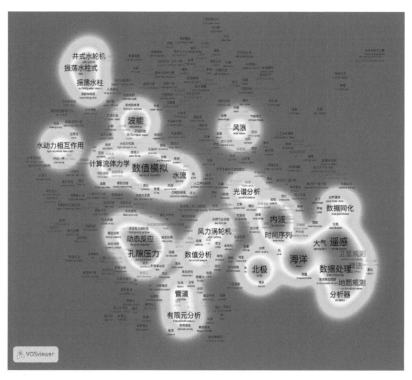

图 4-8 青岛海洋科学与技术试点国家实验室在海洋技术领域的研究热点

发展海洋科学与技术，最关键的是人才。人才的规模和水平代表着一个国家或一个机构的整体实力。本章通过计量科学家的发文量、被引次数，绘制科学家的合作关系和分布图，梳理出当前我国在海洋科学与技术领域的人才储备情况，为未来更好地进行人才规划和科研布局提供最具体的参考。

第一节　海洋科学与技术领域的国际科研人才

一、海洋科学领域中的国际科研人才

海洋科学领域的科研人员中发文量最多的 10 位国外科研人员如表 5-1 所示。在提取到的 56 万个研究者中，来自葡萄牙里斯本大学工程学院的 Carlos Guedes Soares 教授以累计 93 篇的发文量居首位，篇均被引次数为 8.06 次，团队成员包括 Y. Garbatov、Liu Bin、J. M. Rodrigues 等，并与我国的武汉大学、江苏科技大学保持着良好的合作关系。排在第二位的是来自加州大学大气和海洋科学系的 James C. McWilliams 院士，发文量以 91 篇居第二位，但是其篇均被引次数多达 35.92 次，远多于其他作者，展示出其在海洋科学领域突出的影响力。

（一）排名前五位作者

下面对排在前五位的作者进行较详细的介绍。

表 5-1　海洋科学领域发文量最高的科研人才（国际）

作者姓名	发文量/篇	被引次数/次	篇均被引次数/次	主要合作学者（发文量/篇）	主要合作机构（发文量/篇）	主要发文期刊名（发文量/篇）
Guedes Soares, Carlos	93	750	8.06	Garbatov, Y.（7）、Liu, Bin（6）、Rodrigues, J. M.（6）	武汉大学（7）、江苏科技大学（3）、深海工程与高技术船舶协同创新中心（3）	Ocean Engineering（72）、Applied Ocean Research（15）、Ocean Modelling（2）
McWilliams, James C.	91	3269	35.92	Molemaker, M. Jeroen（17）、Dong, Changming（14）、ShchepetkiN, Alexander F.（12）	加州理工学院（10）、美国国家大气研究中心（8）、佐治亚理工学院（7）	Journal of Physical Oceanography（39）、Journal of Geophysical Research-Oceans（21）、Ocean Modelling（12）
Blenkey, N.	85	0	0	—	—	Marine Engineering Log（85）
Ozmidov, R.V.	81	212	2.62	Zhurbas, V. M.（6）、Lozovatsky, I. D.（6）	俄罗斯科学院希尔绍夫海洋研究所（12）、俄罗斯科学院（6）	Okeanologiya（60）、Izvestiya Akademii Nauk Sssr Fizika Atmosfery I Okeana（21）、Oceanology-Ussr（7）

续表

作者姓名	发文量/篇	被引次数/次	篇均被引次数/次	主要合作学者（发文量/篇）	主要合作机构（发文量/篇）	主要发文期刊名（发文量/篇）
Valle-Levinson, Arnoldo	77	878	11.40	Perez-Santos, Ivan（8）、Cheng, Peng（5）、Parra, Sabrina M.（5）	康塞普西翁大学（7）、马里兰大学（6）、乌得勒支大学（6）	Continental Shelf Research（22）、Journal of Geophysical Research-Oceans（19）、Estuarine Coastal and Shelf Science（11）
Punt, Andre E.	75	1377	18.36	Punt, Andre E.（14）、Sun, Chi-Lu（8）、Su, Nan-Jay（6）	美国国家海洋与大气管理局（18）、澳大利亚联邦科学与工业研究组织海洋大气研究所（15）、台湾大学（8）	Ices Journal of Marine Science（48）、Marine Ecology Progress Series（8）、Marine and Freshwater Research（7）
Pickart, Robert S.	71	2312	32.56	Moore, G. W. K.（19）、Lin, Peigen（13）、Spall, Michael A.（13）	多伦多大学（19）、斯坦福大学（13）、美国国家海洋与大气管理局（10）	Journal of Geophysical Research-Oceans（21）、Deep-Sea Research Part Ⅱ：Topical Studies In Oceanography（18）、Journal of Physical Oceanography（13）
Qiu, Bo	68	1774	26.09	Chen, Shuiming（26）、吴立新（8）、Schneider, Niklas（7）、	中国海洋大学（12）、美国国立海洋研究开发机构（11）、中国科学院（9）	Journal of Physical Oceanography（28）、Journal of Geophysical Research-Oceans（26）、Journal of Oceanography（7）

作者姓名	发文量／篇	被引次数／次	篇均被引次数／次	主要合作学者（发文量／篇）	主要合作机构（发文量／篇）	主要发文期刊名（发文量／篇）
Landry, Michael R.	67	1842	27.49	Selph, Karen E.（20）、Taylor, Andrew G.（18）、Goericke, Ralf（10）	夏威夷大学马诺阿分校（22）、佛罗里达州立大学（8）、纽约州立大学石溪分校（6）	Journal of Plankton Research（21）、Limnology and Oceanography（13）、Deep-Sea Research Part Ⅱ: Topical Studies in Oceanography（13）
Chen, Changsheng	65	1497	23.03	Beardsley, Robert C.（43）、Lin, Huichan（18）、Ji, Ruba（18）	伍兹霍尔海洋博物馆（50）、上海海洋大学（42）、中山大学（11）	Nanoscale（3）、Journal of Environmental Science and Health Part C-Environmental（3）、Biomaterials（3）

1. Carlos Guedes Soares

Carlos Guedes Soares 任职于里斯本大学，发文量为 93 篇，被引次数为 750 次，篇均被引次数为 8.06 次。

Carlos Guedes Soares 为葡萄牙里斯本大学工程学院著名教授，海洋技术和海洋工程中心（Centre for Marine Technology and Ocean Engineering，CENTEC）负责人。Guedes Soares 教授从 1989 年开始组织协调国际海洋、近海和极地工程会议（OMAE）中的结构、安全与可靠性研讨会（Symposium on Structures、Safety and Reliability），并担任 OMAE、欧洲安全性与可靠性会议（ESREL）、国际海洋结构物会议记录（MARSTRUCT）等多个会议的大会主席或共同主席；担任 *Reliability Engineering and System Safety Journal* 的主编、*Journal of Marine Science and Application* 的共同主编以及 15 个期刊的编委。Guedes Soares 教授为美国机械工程师协会（ASME）、造船与轮机工程师协会（SNAME）等学会会士，美国土木工程师学会（ASCE）、美国地球物理学会（AGU）等学会委员，以及葡萄牙工程学会委员。

Guedes Soares 教授的主要研究领域为流体力学和结构力学分析中的不确

定性分析方法，用于海水浮动或固定设施的工程建造问题，近年来重点关注海上可再生能源尤其是风能和波浪能的利用。

2. James C. McWilliams

James C. McWilliams 任职于加州大学，发文量为 91 篇，被引次数为 3269 次，篇均被引次数为 35.92 次。

James C. McWilliams 现为加州大学大气和海洋科学系教授。McWilliams 教授是一位高产科学家，于 1971 年获哈佛大学应用数学博士学位，之后一直在美国国家大气研究中心海洋部工作，1980 年成为高级科学家，1994 年被评为加州大学大气和海洋科学系教授，2002 年被选为美国国家科学院院士。

他的研究领域非常广泛，涵盖地球流体到天体流体，是国际上著名的海洋科学家、大气科学家和流体力学家。他在很多领域都做了开创性的工作：1980 年提出了大气阻塞形成的偶极子理论，已成为阻塞理论研究的经典性文献；1990 年与美国国家大气研究中心的高级科学家 Peter R. Gent 博士提出了后来以他们的名字命名的海洋环流模式中等密度面混合的参数化方案，即 Gent-McWlliams 参数化方案。

3. N. Blenkey

N. Blenkey 的发文量为 85 篇，被引次数为 0 次，篇均被引次数为 0 次，所发文章皆在 1987 年之前，且为独作，并无备注机构，主要发表在 *Marine Engineering Log* 期刊上。

4. R. V. Ozmidov

R. V. Ozmidov 任职于俄罗斯科学院海洋学研究所，发文量为 81 篇，被引次数为 212 次，篇均被引次数为 2.62 次。

R.V. Ozmidov 的主要合作学者有 V. M. Zhurbas、I. D. Lozovatsky 等，主要合作机构包括俄罗斯科学院希尔绍夫海洋研究所、俄罗斯科学院等，主要发文期刊有 *Okeanologiya*、*Izvestiya Akademii Nauk Sssr Fizika Atmosfery I Okeana*、*Oceanology-Ussr* 等。

5. Arnoldo Valle-Levinson

Arnoldo Valle-Levinson 任职于佛罗里达大学，发文量为 77 篇，被引次数为 878 次，篇均被引次数为 11.4 次。

Arnoldo Valle-Levinson 的 主 要 合 作 学 者 有 Ivan Perez-Santos、Cheng Peng、Sabrina M. Parra 等，主要合作机构有康塞普西翁大学、马里兰大学、乌得勒支大学等，主要发文期刊有 *Continental Shelf Research*、*Journal of Geophysical Research-Oceans*、*Estuarine Coastal and Shelf Science*。

（二）分布情况

选取在海洋科学领域发文量超过 20 篇的共 1156 位高产科学家，统计其国家或地区分布，并绘制其合作网络，如图 5-1 所示。其中，来自美国的高产科

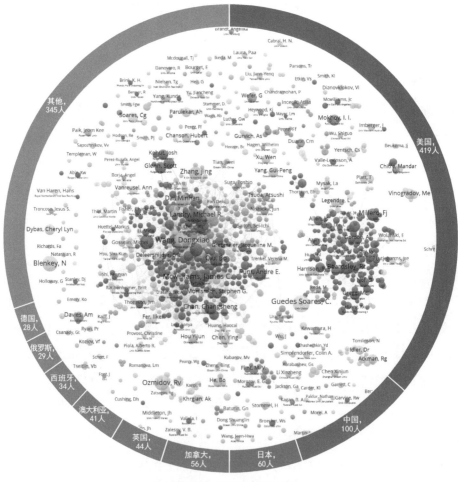

图 5-1　海洋科学领域的研究人才合作网络（国际）

学家（红色节点）有 419 人，占了 1/3 多，远超过其他国家或地区。高产科学家人数排在第二位的是中国（绿色节点），共有 100 人；其次是日本（60 人，蓝色节点）、加拿大（56 人，黄色节点）等。从合作网络来看，按照时间划分成了两个大的子群。左侧为 2008 年之后进入海洋科学领域的科学家的合作群（姓名为全写），而右侧是 2008 年之前进入该领域的科学家的合作群（姓名为简写）。

二、海洋技术领域中的国际科研人才

表 5-2 对国际海洋技术领域主要作者的发文量、被引次数、篇均被引次数等基本情况进行了统计，并列出了排在前十位的高产科学家。

表 5-2 海洋技术领域发文量最高的科研人才（国际）

作者姓名	发文量/篇	被引次数/次	篇均被引次数/次	主要合作学者（发文量/篇）	主要合作机构（发文量/篇）	主要发文期刊名（发文量/篇）
Guedes Soares，C.	191	829	4.34	Teixeira，A. P.（18）、Garbatov，Y.（13）、Rodrigues，J. M.（9）	里约热内卢联邦大学（9）、江苏科技大学（7）、武汉理工大学（6）	Ocean Engineering（75）、Maritime Technology and Engineering（64）、Applied Ocean Research（19）
Booda，L. I.	141	6	0.04	Graham，D. M.（2）、Mulcahy，M.（1）、Johnson，J. D.（1）		Sea Technology（142）
Graham，D. M.	117	2	0.02	Booda，L. I.（2）、Burns，R. F.（2）、Vadus，J. R.（2）		Sea Technology（118）
Soares，C. Guedes	92	1350	14.67	Soares，C. Guedes（49）、Yan Xinping（7）、Fonseca，Nuno（7）	里斯本大学（49）、武汉理工大学（7）、雷焦卡拉布里亚地中海大学（5）	Ocean Engineering（49）、Journal of Offshore Mechanics and Arctic Engineering-Transactions of the Asme（22）、Applied Ocean Research（12）

续表

作者姓名	发文量/篇	被引次数/次	篇均被引次数/次	主要合作学者（发文量/篇）	主要合作机构（发文量/篇）	主要发文期刊名（发文量/篇）
Mulcahy, M.	78	4	0.05	Booda, L. I.（1）	迈克尔·马尔卡希联合公司（1）	Sea Technology（78）
Moan, Torgeir	67	779	11.63	Moan, Torgeir（48）、Gao, Zhen（35）、Cheng, Zhengshun（12）	挪威科技大学（38）、上海交通大学（10）、大连理工大学（3）	Journal of Offshore Mechanics and Arctic Engineering-Transactions of the Asme（29）、Ocean Engineering（24）、Applied Ocean Research（7）
Myrhaug, Dag	66	364	5.52	Holmedal, Lars Erik（19）、Ong, Muk Chen（16）、Leira, Bernt J.（8）	挪威海洋研究所（9）、挪威科技大学（7）、斯塔万格大学（3）	Coastal Engineering（24）、Journal of Offshore Mechanics and Arctic Engineering-Transactions of the Asme（15）、Ocean Engineering（8）
Paik, Jeom Kee	58	491	8.47	Seo, Jung Kwan（28）、Kim, Bong Ju（26）、Paik, Jeom Kee（22）	伦敦大学学院（22）、阿拉伯科技与海运学院（3）、日本海事协会（2）	Ocean Engineering（34）Journal of Offshore Mechanics and Arctic Engineering-Transactions of the Asme（10）、Marine Technology and Sname News（8）
Kim, Yonghwan	48	421	8.77	Park, Dong-Min（9）、Seo, Min-Guk（7）、Lee, Jae-Hoon（5）	三星重工业株式会社（4）、仁荷大学（3）、大宇造船海洋株式会社（2）	Ocean Engin-eering（25）、International Journal of Offshore and Polar Engineering（15）、Applied Ocean Research（3）

续表

作者姓名	发文量/篇	被引次数/次	篇均被引次数/次	主要合作学者（发文量/篇）	主要合作机构（发文量/篇）	主要发文期刊名（发文量/篇）
Chandras-ekar, V.	47	924	19.66	Lim, S.（5）、Nguyen, Cuong M.（5）、Junyent, Francesc（4）	大阪大学（3）、西北太平洋国家实验室（3）、赫尔辛基大学（3）	Journal of Atmospheric and Oceanic Technology（47）

（一）排名前四位作者

从中选取 4 位具有代表性的研究人员，对其在海洋技术领域的研究贡献进行详细分析。

1. L. I. Booda

L. I. Booda 的发文量达 141 篇，被引次数为 6 次，篇均被引次数为 0.04 次，主要合作学者有 D. M. Graham、M. Mulcahy、J. D. Johnson 等，主要发文期刊为 *Sea Technology*。

2. D. M. Graham

D. M. Graham 的发文量达 117 篇，被引次数为 2 次，篇均被引次数为 0.02 次，主要合作学者有 L. I. Booda、R. T. Burns、J. R. Vadus 等，主要发文期刊为 *Sea Technology*。

3. M. Mulcahy

M. Mulcahy 的发文量达 78 篇，被引次数为 4 次，篇均被引次数为 0.05 次，主要合作学者有 L. I. Booda，主要合作机构有迈克尔·马尔卡希联合公司，主要发文期刊为 *Sea Technology*。

4. Torgeir Moan

Torgeir Moan 现任职于挪威科技大学海洋技术系，发文量为 67 篇，被引次数为 779 次，篇均被引次数为 11.63 次。他是全球海洋工程界的顶级学者，其学术专业领域为海洋结构物设计、风险与可靠性、随机动力学与疲劳、海洋可再生能源技术。被选为挪威皇家科学院院士、英国皇家工程院院士、挪威皇家科学与文学院院士、美国土木工程学会终身会员、国际桥梁及结构工程师协会终身会员、美国机械工程学会终身会员、海洋能源中心名人堂。曾任麻省理工学院客座教授、加州大学伯克利分校客座教授、首任新加坡国立大学暨吉宝海事教授、浙江大学客座教授、大连理工大学学术大师等。目前担任著名期刊 *Journal of Marine Structures* 主编以及多个国际期刊编委。曾获得美国机械工程师协会赖斯讲座奖（Calvin W. Rice Lecture Award）、石油安全局奖等诸多荣誉。

（二）分布情况

在海洋技术领域，发文量不少于 10 篇的高产科学家共有 827 人，其中来

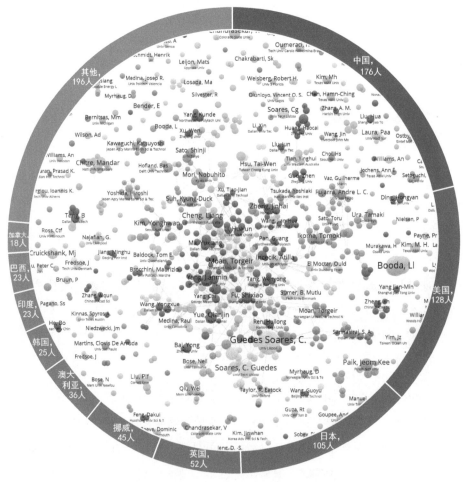

图 5-2　海洋技术领域的研究人才合作网络（国际）

自中国的科学家（红色节点）最多，有176人，占所有高产科学家的1/5左右。其次是美国（128人，绿色节点）和日本（105人，蓝色节点）。此外，英国（52人）、挪威（45人）和澳大利亚（36人）的高产科学家人数也比较多。图5-2还展现了科学家直接的合作网络。可以看出，虽然微观上国内合作占据主流，但宏观上跨国合作网络已经形成，各国形成了非常广泛而深入的合作。

第二节　我国海洋科学与技术领域的科研人才

上一节已经展现了各国科学家在海洋科学与技术领域的顶尖人才储备情况。可以看出，中国顶尖人才数量在海洋科学领域位居全球第二，但与排在第一位的美国还有较大差距；而在海洋技术领域，我国已经拥有全球最多的顶尖人才储备。本节将分别对海洋科学和海洋技术两个领域的人才储备情况进行分析。

一、我国海洋科学领域中的科研人才

表5-3展现的是国内海洋科学领域的主要高产作者及其发文量、被引次数、篇均被引次数等基本情况。在国内，发文量最多的科学家为中国科学院南海海洋研究所研究员王东晓教授，他在海洋科学领域共发表相关SCI论文89篇，篇均被引次数为21.38次。团队成员有谢强、舒业强、陈更新等，主要合作机构有中国科学院大学、自然资源部直属海洋研究机构、美国国家海洋和大气管理局等。位居第二的是中国科学院院士、上海交通大学的张经教授，他在海洋科学领域累计发表论文71篇，篇均被引次数为25.59次。团队成员有吴莹、杜金洲、刘素美等，合作机构有中国海洋大学、自然资源部直属海洋研究机构、海南省海洋开发规划设计研究院等。位居第三的是中国科

学院院士、现任近海海洋环境科学国家重点实验室（厦门大学）主任的戴民汉教授，他在海洋科学领域累计发表论文 69 篇，篇均被引次数为 25.88 次。团队成员有甘剑平、翟惟东、郭香会等，合作机构有香港科技大学、自然资源部直属海洋研究机构、佐治亚大学等。

表 5-3　海洋科学领域发文量最多的科研人才（国内）

作者姓名	发文量/篇	被引次数/次	篇均被引次数/次	主要合作学者（发文量/篇）	主要合作机构（发文量/篇）	主要发文期刊名（发文量/篇）
王东晓	89	1903	21.38	谢强（27）、舒业强（19）、陈更新（17）	中国科学院大学（16）、自然资源部直属海洋研究机构（12）、美国国家海洋和大气管理局（8）	Journal of Geophysical Research-Oceans（35）、Ocean Dynamics（11）、Journal of Physical Oceanography（10）
张 经	71	1817	25.59	吴莹（22）、杜金洲（16）、刘素美（10）	中国海洋大学（31）、自然资源部直属海洋研究机构（11）、海南省海洋开发规划设计研究院（6）	Continental Shelf Research（16）、Deep-Sea Research Part Ⅱ：Topical Studies in Oceanography（15）、Estuarine Coastal and Shelf Science（12）
戴民汉	69	1786	25.88	甘剑平（19）、翟惟东（15）、郭香会（10）	香港科技大学（12）、自然资源部直属海洋研究机构（9）、佐治亚大学（7）	Journal of Geophysical Research-Oceans（18）、Marine Chemistry（13）、Limnology and Oceanography（13）
杨桂朋	50	373	7.46	张洪海（22）、刘春颖（9）、陆小兰（8）	青岛海洋科学与技术试点国家实验室（20）、自然资源部直属海洋研究机构（4）、Minist Educ（4）	Marine Chemistry（13）、Continental Shelf Research（11）、Journal of Geophysical Res-earch-Oceans（8）
陈镇东	45	1014	22.53	白雁（10）、何贤强（10）、高学鲁（8）	自然资源部直属海洋研究机构（22）、浙江大学（21）、厦门大学（16）	Continental Shelf Research（14）、Journal of Geophysical Research-Oceans（5）、Marine Chemistry（5）

续表

作者姓名	发文量/篇	被引次数/次	篇均被引次数/次	主要合作学者（发文量/篇）	主要合作机构（发文量/篇）	主要发文期刊名（发文量/篇）
何波	45	32	0.71	严天宏（28）、Lendasse, Amaury（26）、Nian, Rui（24）	中国计量大学（28）、艾奥瓦大学（13）、阿卡达应用科学大学（13）	Oceans 2016 - Shanghai（9）、Oceans 2017 - Aberdeen（7）、Oceans 2015 - Mts/IEEE Washington（6）
刘洪滨	44	793	18.02	陈炳章（11）、黄邦钦（9）、甘剑平（8）	香港科技大学（46）、厦门大学（3）、中国科学院（10）	Marine Ecology Progress Series（9）、Journal of Plankton Research（7）、Limnology and Oceanography（7）
徐文	44	87	1.98	徐元欣（8）、潘翔（6）、赵航芳（6）	维多利亚大学（1）、Natl Elect & Comp Technol Ctr（1）、浙江科技大学（1）	IEEE Journal of Oceanic Engineering（9）、Oceans 2016-Shanghai（7）、Oceans 2014-Taipei（4）
甘剑平	43	1330	30.93	刘志强（14）、戴民汉（11）、卢中铭（11）	厦门大学（11）、中国科学院（9）、自然资源部直属海洋研究机构（4）	Journal of Geophysical Research-Oceans（18）、Deep-Sea Research Part I-Oceano-graphic Research Papers（5）、Journal of Physical Oceanography（4）
郑金海	42	400	9.52	张弛（12）、张蔚（9）、张继生（9）	天津大学（4）、南京水利科学研究院（4）、美国陆军工程兵团研发中心（4）	Ocean Engineering（16）、Journal of Ocean University of China（6）、Acta Oceanologica Sinica（4）

（一）五位代表性的研究人员

从中选取 5 位具有代表性的研究人员，对其在海洋科学领域的研究贡献进行详细分析。

1. 王东晓

王东晓的发文量为 89 篇，被引次数为 1903 次，篇均被引次数为 21.38 次。

王东晓为研究员，博士研究生导师，国家杰出青年科学基金获得者。1999 年入选中国科学院"百人计划"，现任中国科学院热带海洋环境动力学重点实验室主任。

王东晓带领团队积极开展海洋观测研究，曾 7 次担任南海航次首席科学家，主持建设了中国科学院西沙观测台站。他积极投身于国际学术合作与竞争，与澳大利亚联邦科学与工业研究组织（CSIRO）、美国夏威夷大学等建立了协作关系。现任气候变率及可预测性计划（CLIVAR）太平洋委员会委员、国际亚洲季风年计划观测协调组主席。美国夏威夷大学国际太平洋研究中心兼职研究员，国际 SCI 刊物 *Aquatic Ecosystem Health & Management* 编委。

2. 张经

张经的发文量为 71 篇，被引次数为 1817 次，篇均被引次数为 25.59 次。

张经为化学海洋学与海洋生物地球化学家，中国科学院院士，华东师范大学教授、博士研究生导师。曾先后在山东海洋学院海洋地质系、皮埃尔和玛丽·居里大学、法国巴黎高等师范学校、中国海洋大学化学化工学院学习和任教。曾就职于华东师范大学河口海岸学国家重点实验室；2007 年当选为中国科学院院士。张经的教学和研究工作主要集中在对河口、陆架和边缘海的生物地球化学过程的探索方面，包括：在陆-海相互作用框架下痕量元素与生源要素的循环与再生，不同界面附近物质的迁移和转化机制；化学物质通过大气向边缘海的输送通量和时空变化，气源物质与近海初级生产过程之间的内在联系；发展边缘海的生源要素与痕量元素的收支模式，海洋生物地球化学过程的内在变化特点对外部驱动的响应。

3. 戴民汉

戴民汉的发文量为 69 篇, 被引次数为 1786 次, 篇均被引次数为 25.88 次。

戴民汉为中国科学院院士, 1998 年获国家杰出青年科学基金。现任近海海洋环境科学国家重点实验室（厦门大学）主任、美国伍兹霍尔海洋研究所兼职研究员。亚洲-大洋洲地球科学学会（AOGS）秘书长（2010 年 7 月至 2012 年 8 月）、海洋分会主席（2008 年 7 月至 2010 年 7 月）、生物地球科学分会代理主席（2012 年 7 月至今）、国际痕量元素及其同位素海洋生物地球化学循环（GEOTRACES）计划（SCOR）科学指导委员会委员（2006～2009 年）、国际上层海洋—低层大气研究（SOLAS）计划［国际地圈生物圈计划（IGBP）/SCOR］科学指导委员会委员、上层海洋—低层大气研究-海洋生物地球化学和生态系统综合研究（SOLAS-IMBER）海洋酸化工作组成员、北太平洋海洋科学组织碳与气候委员会成员、中国海洋学会海洋化学分会主任委员。《科学通报》《地球科学进展》《海洋科学》《海洋学报》《海洋与湖沼》《海洋学研究》等期刊编委。戴民汉的主要研究方向有近海碳循环、胶体颗粒在物质循环中的作用、近岸河口环境中痕量金属的地球化学、表层水及地下水中放射性核素［钚（Pu）及钍（Th）］地球化学及其环境效应。

4. 杨桂朋

杨桂朋的发文量为 50 篇, 被引次数为 373 次, 篇均被引次数为 7.46 次。

杨桂朋为海洋化学博士。现任中国海洋大学化学化工学院院长、教授、博士研究生导师, 学科带头人。入选教育部"长江学者奖励计划", 国家杰出青年科学基金获得者, 山东省"泰山学者", "新世纪百千万人才工程"国家级人选, 全国优秀科技工作者, 山东省有突出贡献的中青年专家, 享受国务院政府特殊津贴。

近年来在海洋界面化学、海洋光化学、海洋生源硫——二甲基硫（DMS）的生物地球化学、海洋环境化学（天然有机物及人类有机污染物在海水与沉积物中的分析与分布及其迁移变化规律）等研究领域成绩突出，取得了国际前沿水平的成果。特别是，他为国际地圈生物圈计划谱写的全球DMS的分布图及其海气通量的计算提供了具有重要价值的研究资料，确立了中国在此研究领域的国际地位，在国际同行中有较大影响。

5. 陈镇东

陈镇东的发文量为45篇，被引次数为1014次，篇均被引次数为22.53次。

陈镇东为台湾中山大学中山讲座教授、浙江大学求是讲座教授、国际地圈生物圈计划副主席、*Marine Chemistry*副主编，以及*Continental Shelf Research*、*Journal of Marine Systems*、*Environmental Science & Policy*等多个SCI刊物的编委，曾任全球海洋通量联合研究（JGOFS）指导委员及执行委员、世界洋流实验（WOCE）规划委员、JGOFS及海岸带陆海交互作用（LOICZ）联合边缘海小组主持人。陈镇东教授是海洋碳循环领域的杰出科学家，研究领域包括海水营养盐及碳化学、海洋酸化、全球变迁（含古气候学）。

（二）分布情况

在海洋科学领域发表SCI论文的45 353位作者中，遴选出发文量在10篇以上的共572人，并绘制其合作网络图，如图5-3所示。在572位作者中，有144位来自中国科学院，约占全部高产作者的25.2%；有126位来自中国海洋大学，约占高产作者的22%；其他来自自然资源部直属海洋研究机构（52人）、厦门大学（35人）、浙江大学（27人）、上海交通大学（24人）和大连理工大学（20人）的高产作者也比较多。

从合作网络来看，同一机构的科学家形成了紧密的合作关联，然后整体形成了错综复杂的合作关系。其中，团队的学术带头人，如王东晓、张经、戴民汉、杨桂朋等，都是所在合作网络的中心。

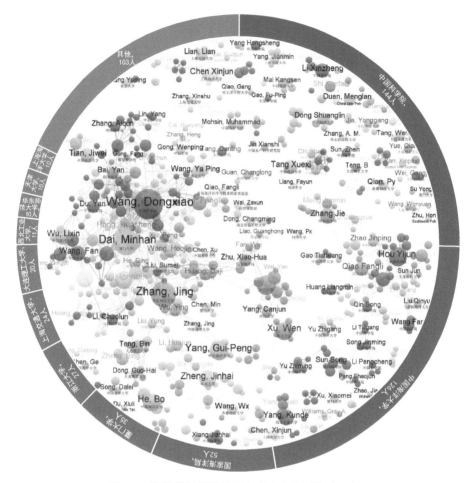

图 5-3 海洋科学领域的研究人才合作网络（国内）

二、我国海洋技术领域中的科研人才

表 5-4 统计了我国海洋技术领域中发文量排在前十位的科学家的发文量、被引次数、篇均被引次数等基本情况，并对杨建民、滕斌、岳前进、郑金海和付世晓等进行简单的比较分析。

表 5-4　海洋技术领域发文量最高的科研人才（国内）

作者姓名	发文量/篇	被引次数/次	篇均被引次数/次	主要合作学者（发文量/篇）	主要合作机构（发文量/篇）	主要发文期刊名（发文量/篇）
杨建民	52	234	4.50	赵文华（5）、李欣（5）、田新亮（4）	西澳大学（5）、纽卡斯尔大学（4）、高新船舶与深海开发装备协同创新中心（4）	Ocean Engineering（16）、Applied Ocean Research（3）
滕斌	46	811	17.63	李玉成（8）、程亮（6）、吕林（5）	西澳大学（7）、新加坡国立大学（4）、浙江海洋大学（2）	Ocean Engineering（20）、Applied Ocean Research（6）、Journal of Marine Science and Technology-Taiwan（3）
岳前进	44	184	4.18	唐达（6）、武文华（4）、阎军（3）	新加坡国立大学（3）、中国海洋石油集团有限公司（2）、中国船舶科学研究中心（1）	Ocean Engineering（10）、Applied Ocean Research（7）、Journal of Marine Science and Engineering（1）
郑金海	42	252	6.00	张蔚（16）、张弛（14）、薛米安（10）	天津大学（4）、瓦格宁根大学（3）、格里菲斯大学（3）	Ocean Engineering（17）、Journal of Ocean University of China（5）、Journal of Marine Science and Technology-Taiwan（4）
付世晓	41	251	6.12	王俊高（6）、许玉旺（4）、任浩杰（3）	高新船舶与深海开发装备协同创新中心（4）、挪威科技大学（3）、挪威国家石油公司（2）	Ocean Engineering（9）、Applied Ocean Research（2）
万德成	40	179	4.48	邹路（4）、王建华（3）、胡志强（2）	纽卡斯尔大学（2）、广州海事大学（1）、思克莱德大学（1）	Ocean Engineering（11）、Applied Ocean Research（4）

续表

作者姓名	发文量/篇	被引次数/次	篇均被引次数/次	主要合作学者（发文量/篇）	主要合作机构（发文量/篇）	主要发文期刊名（发文量/篇）
段梦兰	36	227	6.31	安晨（10）、高强（4）、顾继俊（4）	复旦大学（10）、里约热内卢联邦大学（6）、首尔大学（2）	Applied Ocean Research（16）、Ocean Engineering（13）
刘海笑	35	261	7.46	盛志刚（11）、赵燕兵（8）、李林安（6）	上海交通大学（11）、河海大学（4）、伊利诺伊大学（1）	Applied Ocean Research（12）、Ocean Engineering（10）
李华军	33	219	6.64	梁丙臣（11）、王树青（10）、刘福顺（7）	罗德岛大学（2）、哈尔滨工程大学（1）、鲁东大学（1）	Ocean Engineering（13）、Applied Ocean Research（5）、Journal of Ocean University of China（4）
孙丽萍	33	79	17.84	康庄（9）、马刚（8）、康济川（6）	中国国际海运集装箱（集团）股份有限公司（2）、黑龙江水运规划设计院（2）、塔斯马尼亚大学（2）	Ocean Engineering（10）、Applied Ocean Research（2）、China Ocean Engineering（2）

（一）五位代表性的研究人员

1. 杨建民

杨建民的发文量为 52 篇，被引次数为 234 次，篇均被引次数为 4.50 次。

杨建民曾任上海交通大学船舶海洋与建筑工程学院院长、海洋工程国家重点实验室主任、中国海洋石油集团有限公司和上海交通大学共建深水工程技术研究中心主任、高新船舶与深海开发装备协同创新中心副主任。长期从事船舶与海洋工程流体力学学科的教学与科研工作，为提高实验室在国际技术市场中的竞争能力和在国际海洋工程界的声誉作出了贡献。主要研究方向为海洋深水平台研究、浮式生产系统水动力学研究、海洋结构物动力定位系统研究。

2. 滕斌

滕斌的发文量为 46 篇，被引次数为 811 次，篇均被引次数为 17.63 次。

滕斌为大连理工大学教授，主要从事波浪与结构物作用的研究和教学工作。提出了完备的二阶非线性波浪频时变换分析理论、系泊浮体大幅慢漂运动的二次展开分析方法。建立了二阶双色波浪力（QTF）、三阶波浪力的频域计算模型，波浪和水流对任意三维结构物（或波浪对低速行进物体）作用的分析模型。建立了波浪与深海系泊平台、码头前系泊船、波能转换装置、超大型浮体、超大数量浮体的耦合分析模型。研究方向为海洋结构物动力响应（包括海洋平台、系泊船等）、波浪与结构物作用（包括非线性荷载、超大型结构等）、水动力学。

3. 岳前进

岳前进的发文量为 44 篇，被引次数为 184 次，篇均被引次数为 4.18 次。

岳前进教授现任大连理工大学海洋与科学技术学院院长，运载与力学部力学系教授，工业装备结构分析国家重点实验室固定研究人员（曾任两届副主任）。学校"海洋装备"团队负责人。2015 年被聘为山东"泰山学者"，连续四年被评为海洋工程高被引用学者。

岳前进主要开展海洋装备研发与关键力学研究；在寒区、深海资源开发装备的概念与初步设计研究方面连续获得多项国家重大项目与企业的支持；在寒区海洋工程装备、抗冰振平台设计方向的多项研究成果达到国际领先水平，提出的冰力模型被国际规范引用；深水海洋装备研发方向，在"十一五""十二五"期间获得多个国家重大专项支持，对多种新概念装备结构进行了设计研究，其中的柔性海洋管缆的设计、制造、安装、测试评价方面形成了系统的研究成果；建立了系统的海洋现场监测与室内实验测试平台。

4. 郑金海

郑金海的发文量为 42 篇，被引次数为 252 次，篇均被引次数为 6.00 次。

郑金海现任中共河海大学委员会常委、副校长。教育部"长江学者奖励计划"特聘教授、国家杰出青年科学基金获得者、教育部"新世纪优秀人才支持计划"入选者、英国皇家工程院杰出访问学者，享受国务院政府特殊津贴。

郑金海提出波流相互作用下波浪场和流速场计算的主控变量改进表达式，丰富了河口海岸动力学的基础理论；建立多尺度多动力因子耦合模拟的数学模型，为长江口、珠江口和东南沿海的港口航道与河口海岸工程提供了波浪、潮流、盐度和泥沙数值模拟计算的先进方法。研究方向为海岸动力学、港口航道与海岸工程、河口治理与海岸保护、近海可再生能源工程。

5. 付世晓

付世晓的发文量为 41 篇，被引次数为 251 次，篇均被引次数为 6.12 次。

付世晓为上海交通大学船舶海洋与建筑工程学院研究员，博士研究生导师，国家杰出青年科学基金获得者，2007 年加入上海交通大学海洋工程国家重点实验室。2013～2017 年分别在挪威科技大学、丹麦技术大学、挪威科学和工业研究基金会（SINTEF）作为访问教授或高级研究科学家进行合作研究。

付世晓担任美国麻省理工学院兼职博士研究生导师、挪威科技大学兼职博士研究生导师，*Journal of Offshore Mechanics and Arctic Engineering* 期刊副主编。研究方向：主要从事海洋工程重大力学问题，海洋工程中超细长、超大型和超柔性结构物的流固耦合力学行为实验观测、机理认识。

（二）分布情况

此外，进一步选取国内发文量不少于 5 篇的 713 位科学家，绘制了他们的合作网络，如图 5-4 所示。其中，来自大连理工大学的最多，共有 124 人，其次是上海交通大学，共有 105 人。其余高校和科研院所的高产作者数量显著少于这两所高校。排在第三至第六位的高校和科研院所分别是中国海洋大学、哈尔滨工程大学、中国科学院、浙江大学。

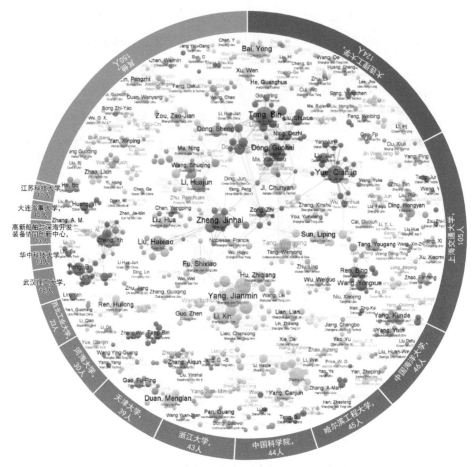

图 5-4　海洋技术领域的研究人才合作网络（国内）

　　相对于海洋科学领域，海洋技术领域的合作网络相对较稀疏，而机构内的合作占主流，这是因为海洋技术的研究领域相对分散，而且在地理分布上也比较分散。

第六章

海洋科学与技术领域的代表性论文

本章展现的是海洋科学与技术领域中具有里程碑意义的一些论文，它们是该领域的经典性和代表性论文，曾对整个海洋学科的发展发挥过重要的作用。

第一节　海洋科学与技术领域中的高被引论文

一、海洋科学领域中的主要高被引论文

表 6-1 列出了海洋科学领域中被引次数最多的 10 篇论文。它们的被引次数都在 2000 次以上，是该领域影响力最大的学术论文。本书从这些具有重要影响性的论文中选取 3 篇，对其主要内容进行简单的介绍。

表 6-1　海洋科学领域的高被引论文

作者姓名	题目	发表年份	被引次数/次
Porter, K. G.、Feig, Y. S.	The Use of DAPI for Identifying and Counting Aquatic Microflora	1980	4256
Azam, F、Fenchel, T、Field J. G. 等	The Ecological Role of Water-Column Microbes in the Sea	1983	3457
Solorzano, L.	Determination of Ammonia in Natural Waters by the Phenol-Hypochlorite Method	1969	3160
Wanninkhof, R.	Relationship Between Wind-Speed and Gas-Exchange over the Ocean	1992	2842
Lorenzen, C. J.	Determination of Chlorophyll and Pheo-Pigments: Spectrophotometric Equations	1967	2689
Cline, J. D.	Spectrophotometric Determination of Hydrogen Sulfide in Natural Waters	1969	2528
Shchepetkin, A. F.、Mcwilliams, J. C.	The Regional Oceanic Modeling System (ROMS): A Split-Explicit, Free-Surface, Topography-Following-Coordinate Oceanic Model	2005	2242
Mehrbach, C.、Culberson, C. H.、Hawley, J. E. 等	Measurement of Apparent Dissociation-Constants of Carbonic Acid in Seawater at Atmospheric-Pressure	1973	2180
Gent, P. R.、Mcwilliams, J. C.	Isopycnal Mixing in Ocean Circulation Models	1990	2166
Hoegh-Guldberg, O.	Climate Change, Coral Bleaching and the Future of the World's Coral Reefs	1999	2138

1. *The Use of DAPI for Identifying and Counting Aquatic Microflora*

该文比较了高度特异性和灵敏的荧光脱氧核糖核酸（DNA）染料 4',6-二脒基-2-苯基吲哚（DAPI）和吖啶橙（AO）来计数水生菌群。DAPI 的使用改善了可视化和对富含硒的样品中小于 1 微米细菌和蓝藻的计数，并将样品的存储时间至少延长了 24 周。

2. *The Ecological Role of Water-Column Microbes in the Sea*

该文指出，海洋中细菌的生物量与浮游植物的浓度有关，细菌利用光合作用固定了10%～50%的碳。有证据表明，游离细菌的数量受海洋浮游动物中普遍存在的纳米浮游生物异养鞭毛的控制。鞭毛虫又被微浮游动物捕食。异养鞭毛和微浮游动物的覆盖范围与浮游植物相同，因此提供了将某些能量从"微生物环"返回到传统浮游食物链的手段。

3. Determination of Ammonia in Natural Waters by the Phenol-Hypochlorite Method

该文分析了淡水和经过滤的海水中不同浓度的氨的样品，并在0.1～10耳原子当量每升的浓度范围内遵守了朗伯-比尔定律。对于低密度比色皿，空白吸光度为0.05，吸光度与浓度的相关系数为6.5（单位为耳原子当量每升）。一组氨当量每升浓度为3皮克原子的样品的标准偏差为0.07耳原子当量每升。

二、海洋技术领域中的主要高被引论文

表6-2列出了海洋技术领域中的主要高被引论文。本书从这些具有重要影响性的论文中选取3篇，对其主要内容进行简单的介绍。

表6-2 海洋技术领域的高被引论文

作者姓名	题目	发表年份	被引次数/次
Kummerow, C.、Barnes, W.、Kozu, T. 等	The Tropical Rainfall Measuring Mission (TRMM) Sensor Package	1998	1500
Winker, D. M.、Vaughan, M. A.、Omar, A. 等	Overview of the CALIPSO Mission and CALIOP Data Processing Algorithms	2009	1009
Sfakiotakis, M.、Lane, D. M.、Davies, J. B. C.	Review of Fish Swimming Modes for Aquatic Locomotion	1999	885
Lesser, G. R.、Roelvink, J. A.、van Kester, J. A. T. M. 等	Development and Validation of a Three-Dimensional Morphological Model	2004	855
Niemeyer, G.、Slotine, J. J. E.	Stable Adaptive Teleoperation	1991	831

作者姓名	题目	发表年份	被引次数/次
Chen, C. S.、Liu, H. D.、Beardsley, R. C.	An Unstructured Grid, Finite-Volume, Three-Dimensional, Primitive Equations Ocean Model: Application to Coastal Ocean and Estuaries	2003	786
Vickers, D.、Mahrt, L.	Quality Control and Flux Sampling Problems for Tower and Aircraft Data	1997	766
Nwogu, O.	Alternative Form of Boussinesq Equations for Nearshore Wave-Propagation	1993	734
Fortmann, T. E.、Bar-shalom, Y.、Scheffe, M.	Sonar Tracking of Multiple Targets Using Joint Probabilistic Data Association	1983	637
Menne, M. J.、Durre, I.、Vose, R. S. 等	An Overview of the Global Historical Climatology Network-Daily Database	2012	628

1. *The Tropical Rainfall Measuring Mission (TRMM) Sensor Package*

该文介绍了三种主要的降雨仪器：无源微波辐射计、降水雷达以及航天器上的可见和红外辐射计系统。并且，该文还描述了这三种传感器的辐射特性、扫描几何形状、校准程序和数据产品。

2. *Overview of the CALIPSO Mission and CALIOP Data Processing Algorithms*

正交偏振云-气溶胶激光雷达（CALIOP）是一款两波长偏振激光雷达，用于对流层和低平流层中的气溶胶和云进行全局分析。CALIOP 是 Cloud-Aerosol 激光雷达和云-气溶胶激光雷达与红外探路者卫星观测（CALIPSO）卫星上的主要仪器。该卫星自 2006 年 5 月起与美国国家航空航天局（NASA）A-Train 星座一起飞行。从 CALIOP 获得的全球多年数据集提供了新的对地球大气的看法，有助于人们更好地了解气溶胶和云在气候系统中的作用。该文简要介绍了 CALIPSO 任务、CALIOP 仪器和数据产品，并概述了用于生成这些数据产品的算法。

3. *Review of Fish Swimming Modes for Aquatic Locomotion*

该文概述了鱼类采用的游泳机制，并且介绍了为研究每种游泳模式而开发的分析方法。文中特别提到了月牙尾推进、鳍状起伏和唇形（振荡性胸鳍）游泳机制。这些机制被认为在人工系统中具有最大的开发潜力。

第二节　海洋科学与技术领域中的前沿热点论文

由于高被引论文往往发表时间比较早（具有较长的被引时间窗口），因此可能无法代表当前该领域的前沿和热点。为了更好地展现海洋科学与技术领域的前沿和热点，本书选取 2016～2019 年发表的被引次数比较多的论文以进行研究。

一、海洋科学领域中的前沿论文

表 6-3 列出了海洋科学与技术领域中的前沿热点论文，它们都是 2016～2019 年被引次数比较多的学术论文。本书从这些前沿热点论文中选取了 3 篇，对其主要内容进行简单的介绍。

表 6-3　海洋科学领域的高被引论文（2016～2019 年）

作者姓名	题目	发表年份	被引次数 / 次
Glibert, P. M.、Wilkerson, F. P.、Dugdale, R. C. 等	Pluses and Minuses of Ammonium and Nitrate Uptake and Assimilation by Phytoplankton and Implications for Productivity and Community Composition, with Emphasis on Nitrogen-Enriched Conditions	2016	182
Brennecke, D.、Duarte, B.、Paiva, F. 等	Microplastics as Vector for Heavy Metal Contamination from the Marine Environment	2016	173
Gunderson, A. R.、Armstrong, E. J.、Stillman, J. H.	Multiple Stressors in a Changing World: The Need for an Improved Perspective on Physiological Responses to the Dynamic Marine Environment	2016	169

作者姓名	题目	发表年份	被引次数／次
Hansen, A. M.、Kraus, T. E. C.、Pellerin, B. A. 等	Optical Properties of Dissolved Organic Matter (DOM): Effects of Biological and Photolytic Degradation	2016	159
Hobday, A. J.、Alexander, L. V.、Perkins, S. E.、Smale, D. A. 等	A Hierarchical Approach to Defining Marine Heatwaves	2016	157
Law, K. L.	Plastics in the Marine Environment	2017	143
Mcgillicuddy, D. J.	Mechanisms of Physical-Biological-Biogeochemical Interaction at the Oceanic Mesoscale	2016	139
Saba, V. S.、Griffies, S. M.、Anderson, W. G. 等	Enhanced Warming of the Northwest Atlantic Ocean Under Climate Change	2016	134
Mahadevan, A.	The Impact of Submesoscale Physics on Primary Productivity of Plankton	2016	128
Pujol, M. I.、Faugère, Y.、Taburet, G. 等	Duacs DT2014: The New Multi-Mission Altimeter Data Set Reprocessed over 20 Years	2016	126

1. *Pluses and Minuses of Ammonium and Nitrate Uptake and Assimilation by Phytoplankton and Implications for Productivity and Community Composition, with Emphasis on Nitrogen-Enriched Conditions*

该文首先回顾了"通用"真核细胞中的氮代谢，对比了在同等生长条件下，分别单独施加铵根离子（NH_4^+）和硝酸根离子（NO_3^-）两种底物时的代谢途径和调节机制；然后描述了在同时施加两种底物时二者之间的代谢相互作用，强调了在动态环境中细胞在平衡养分获取与保持光合能量平衡上的挑战；着重指出了可能导致生长抑制的消散途径的条件，如异化 NO_3^-/NO_2^- 还原为 NH_4^+ 和光呼吸。

2. *Microplastics as Vector for Heavy Metal Contamination from the Marine Environment*

微塑料在海洋环境中的永久存在被认为是对几种海洋动物的全球威胁。

重金属和微塑料通常包含在两种不同类别的污染物中，但人们对这两种压力源之间的相互作用了解甚少。在 14 天的实验操作过程中，该文检查了从防污漆中浸出的两种重金属铜（Cu）和锌（Zn）对原始聚苯乙烯（PS）和海水中老化的聚氯乙烯（PVC）碎片的吸附。实验结果证明，重金属从防污涂料释放到水中，并且两种微塑料类型都吸附了这两种重金属。文中使用分配系数和数学模型描述了这种吸附动力学。

3. Multiple Stressors in a Changing World: The Need for an Improved Perspective on Physiological Responses to the Dynamic Marine Environment

该文首先讨论了海洋系统在各种时间尺度上的压力源之间的协变的广泛模式，然后描述了这些动态将如何影响对多应激源暴露的生理反应，最后总结了当前如何评估多重压力效应。该文发现，多应激实验很少将自然主义的物理化学变化纳入其设计中，并强调这样做的重要性，以便做出有关全球变化的生理反应的生态相关推断。

二、海洋技术领域中的前沿论文

表 6-4 列出了海洋技术领域中的前沿论文。本书从这些具有重要影响的论文中选取了 3 篇，对其主要内容进行简单的介绍。

表 6-4　海洋技术领域的高被引论文（2016～2019 年）

作者姓名	题目	发表年份	被引次数 / 次
Cui, R. X.、Zhang, X.、Cui, D.	Adaptive Sliding-Mode Attitude Control for Autonomous Underwater Vehicles with Input Nonlinearities	2016	116
Turner, I. L.、Harley, M. D.、Drummond, C. D.	UAVs for Coastal Surveying	2016	112
Allotta, B.、Caiti, A.、Costanzi, R. 等	A New AUV Navigation System Exploiting Unscented Kalman Filter	2016	82
Gotoh, H.、Khayyer, A.	On the State-of-the-Art of Particle Methods for Coastal and Ocean Engineering	2018	80
Panetta, K.、Gao, C.、Agaian, S.	Human-Visual-System-Inspired Underwater Image Quality Measures	2016	68

续表

作者姓名	题目	发表年份	被引次数/次
Ming, F. R.、Zhang, A. M.、Xue, Y. Z. 等	Damage Characteristics of Ship Structures Subjected to Shockwaves of Underwater Contact Explosions	2016	62
Elmokadem, T.、Zribi, M.、Youcef-Toumi, K.	Terminal Sliding Mode Control for the Trajectory Tracking of Underactuated Autonomous Underwater Vehicles	2017	60
de Schipper, M. A.、de Vries, S.、Ruessink, G. 等	Initial Spreading of a Mega Feeder Nourishment: Observations of the Sand Engine Pilot Project	2016	57
Rashidi, S.、Esfahani, J. A.、Hayatdavoodi, M.	Vortex Shedding Suppression and Wake Control: A Review	2016	51
Grecu, M.、Olson, W. S.、Munchak, S. J. 等	The GPM Combined Algorithm	2016	49

1. *Adaptive Sliding-Mode Attitude Control for Autonomous Underwater Vehicles with Input Nonlinearities*

该文考虑了具有输入非线性和未知干扰的自主水下航行器的姿态控制。自主水下航行器的 3D 空间中的动力学模型简化为具有未知模型参数和用于偏航和俯仰控制的干扰的二阶动力学。基于这种简化,针对没有任何输入非线性的情况提出了一种基于滑模的自适应控制。针对死区非线性和未知扰动,采用基于滑模的自适应控制结合非线性扰动观测器将参数未知的非对称死区建模为时变类扰动项,而不是构造一个平滑的死区逆。通过引入辅助动态补偿器进一步设计控制方向舵饱和,并提出了所提出算法的数学证明。

2. *UAVs for Coastal Surveying*

该文介绍了用于沿海测量的无人机。对于研究人员和沿海实践工程师而言,无人机现在为常规的沿海测量提供了一种选择。

3. *A New Auv Navigation System Exploiting Unscented Kalman Filter*

在本文中,作者基于无味卡尔曼滤波器(UKF)提出了一种专为自主水下航行器设计的创新导航策略。拟议中的策略已使用在克罗地亚进行的海上测试中获得的导航数据进行了实验验证，该测试在欧盟第七框架计划欧洲箭头项目测试的框架内进行。项目使用的两个水下航行器是由佛罗伦萨大学研发制造的，用于对水下考古遗址的勘探和监视。

第三节　海洋科学与技术领域中的文献路线图

除了列举高被引论文外，还可以借助可视化的方法展现不同主题的文献集合中的里程碑式的学术论文。为了消除跨年度比较篇均被引次数的不公平问题，这里根据与同年发表的论文的篇均被引次数的比值来遴选高被引论文，并且同时采用了两种不同的可视化视图——时间线图和面积图。

一、海洋科学领域中的前沿论文

图 6-1 展现的是海洋科学领域的高被引论文的时间线图。在海洋科学领域，各年中被引次数相对多的 908 篇论文共形成了六个主要的文献集合，分别是：①洋流研究（284 篇）；②富营养化（184 篇）；③海洋生态监测（153 篇）；④海洋季风（149 篇）；⑤海洋建模（82 篇）；⑥海洋环境监测（56 篇）。通过面积图（图6-2）可以看出，海洋生态环境的监测是海洋科学领域的核心问题。

二、海洋技术领域中的前沿论文

在海洋技术领域，同样绘制各年中被引次数相对多的高被引论文的时间线图（图 6-3）和面积图（图 6-4）。各年中被引次数相对较多的 935 篇论文，可以依据主题分为如下六个聚类：①遥感和海洋气象监测（276 篇）；②自主水下飞行器（202 篇）；③波浪研究（161 篇）；④管道研究（147 篇）；⑤流体动力学（79 篇）；⑥数值模拟方法（70 篇）。

洋流研究
富营养化
海洋生态监测
海洋季风
海洋建模
海洋环境监测
被引次数/当年篇均被引次数
0.6
0.8
1.0
1.2
1.4
1.6

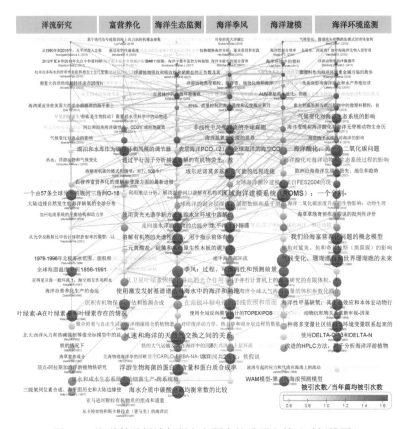

图 6-1 海洋科学领域各研究主题中的重要文献（时间线图）

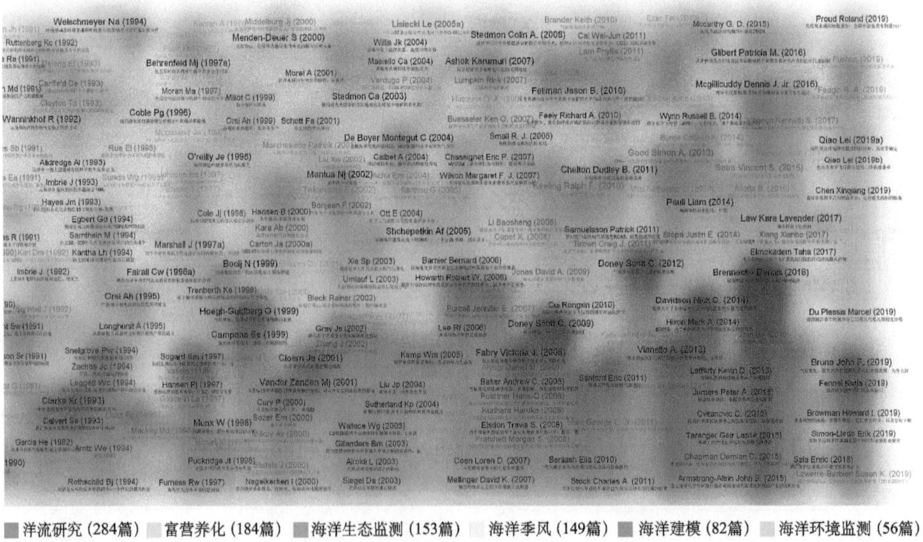

洋流研究 (284篇)
富营养化 (184篇)
海洋生态监测 (153篇)
海洋季风 (149篇)
海洋建模 (82篇)
海洋环境监测 (56篇)

图 6-2 海洋科学领域各研究主题中的重要文献（面积图）

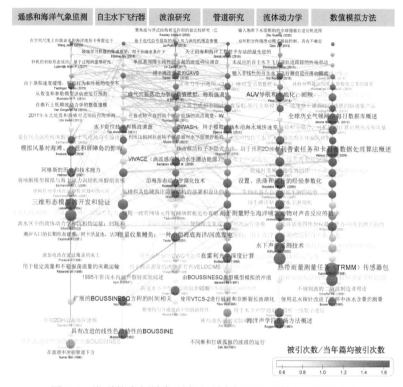

图 6-3　海洋技术领域各研究主题中的重要文献（时间线图）

■ 遥感和海洋气象监测（276篇）　■ 自主水下飞行器（202篇）　■ 波浪研究（161篇）　管道研究（147篇）
■ 流体动力学（79篇）　■ 数值模拟方法（70篇）

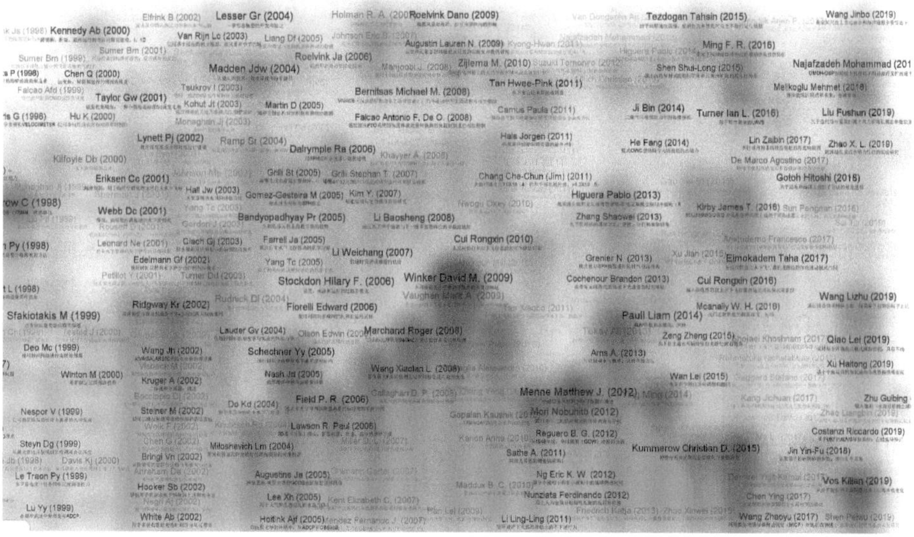

图 6-4　海洋技术领域各研究主题中的重要文献（面积图）

第四节　海洋科学与技术领域中的高被引专利

在专利文献中，同样可以用被引次数来衡量专利的影响力。被引次数可以反映专利质量，既是对本领域后续技术创新的贡献，也是对后续专利的权利限制。因此，通过对高被引专利的识别，可以在一定程度上展现出国内主要的技术领域。

一、我国海洋科学与技术领域中的高被引专利

在海洋科学与技术领域，被引次数最多的是中国乐凯胶片集团公司和天津大学在 2010 年申请的名为"一种用于海洋船舶与设施的无毒防污涂料及其制备方法"的专利。该专利提出了一种用于海洋船舶与设施的无毒防污涂料及其制备方法，由基料、防污剂、填料、颜料、助剂和溶剂组成，可以有效抑制海洋生物附着物腐蚀。截至 2020 年，该专利被引 105 次。排名第二的专利是无锡麟龙铝业有限公司的"一种耐海洋气候工程零件进行防腐处理的方法"。截至 2020 年，该专利被引 67 次。该专利涉及一种耐海洋气候工程零件进行防腐处理的方法，采用该专利中的方法处理过的零件，可在海洋气候条件下赋予零件充分的耐腐蚀性能和抗冲刷侵蚀性能（表 6-5）。

表 6-5　海洋科学与技术领域的高被引专利（中国）

序号	专利公开号	IPC 分类号	专利名称	申请人	国别	被引次数 / 次	申请时间
1	CN101967316A	C09D5/16	一种用于海洋船舶与设施的无毒防污涂料及其制备方法	中国乐凯胶片集团公司、天津大学	中国	105	2010-09-08
2	CN101748353A	C23C2/04	一种耐海洋气候工程零件进行防腐处理的方法	无锡麟龙铝业有限公司	中国	67	2009-12-28

序号	专利公开号	IPC分类号	专利名称	申请人	国别	被引次数/次	申请时间
3	CN101110079A	G06F17/30	一种数字地球原型系统	中国科学院遥感应用研究所	中国	63	2007-06-27
4	CN101301077A	A23L1/29	食疗保健膳食	李超建	中国	58	2008-06-23
5	CN101879645A	B23K9/02	一种低温环境海洋工程大厚钢板埋弧焊的工艺方法	蓬莱巨涛海洋工程重工有限公司	中国	53	2010-07-06
6	CN1563342A	C12N1/00	用于处理高难度废水的微生物制剂及其制备方法	凌亮	中国	51	2004-02-10
7	CN2779422Y	G01S15/89	高分辨率多波束成像声呐	哈尔滨工程大学、甘肃长城水下高技术有限公司、水声技术国家级重点实验室	中国	50	2004-11-10
8	CN101202491A	H02K35/00	振子波力发电机	谭晛	中国	49	2006-12-11
9	CN101429848A	E21B7/04	水力喷射侧钻径向分支井眼的方法及装置	中国石油大学（北京）	中国	42	2007-11-06

二、山东省海洋科学与技术领域中的高被引专利

表 6-6 进一步展现了山东省海洋科学与技术领域的高被引专利。被引次数最多的是蓬莱巨涛海洋工程重工有限公司的"一种低温环境海洋工程大厚钢板埋弧焊的工艺方法"。该发明专利属于焊接领域，即涉及一种适用于低温环境海洋工程大厚钢板埋弧焊的工艺方法，包括焊接方法及焊接材料的选择，焊接次序、焊接过程对各焊接工艺参数的选择与控制。截至 2020 年，该专利被引 53 次。排名第二的是中国水产科学研究院黄海水产研究所的"工厂化循环水养鱼水处理方法"。该发明专利提出的一种海水的工厂化循环水养

鱼水处理方法，包括对养鱼池流出的海水过滤、增氧、消毒，并由循环泵将处理过的海水送至养鱼池内循环使用，既能保证鱼的高产、稳产，又能实现节水、节能、保护海洋环境的目的。排名第三的是海洋化工研究院的"浪溅区海洋钢结构超厚膜防腐涂层"。该专利提出超厚膜涂层由底漆、面漆和罩面面漆组成，其中底漆为双组分环氧，固化剂为胺类，可以用于保护海洋钢铁设施在浪溅区的严酷环境中安全服役 30 年以上。

表 6-6　海洋科学与技术领域的高被引专利（山东省）

序号	专利公开号	IPC 分类号	专利名称	申请人	被引次数 / 次	申请时间
1	CN101879645A	B23K9/02	一种低温环境海洋工程大厚钢板埋弧焊的工艺方法	蓬莱巨涛海洋工程重工有限公司	53	2010-07-06
2	CN1545865A	A01K61/00	工厂化循环水养鱼水处理方法	中国水产科学研究院黄海水产研究所	37	2003-12-03
3	CN101987937A	C09D163/00	浪溅区海洋钢结构超厚膜防腐涂层	海洋化工研究院	34	2009-08-04
4	CN101703017A	A01K61/00	一种制备雌雄同体型扇贝种间杂交苗的技术	青岛农业大学	34	2009-07-31
5	CN104194354A	C08L89/00	一种可食性生物保鲜膜及其制备方法	山东省海洋生物研究院	34	2014-09-05
6	CN101130949A	E02B17/08	海洋浮式钻井平台钻柱升沉补偿装置	中国石油大学（华东）	31	2007-09-12
7	CN203357446U	B25J9/06	一种钻杆排放机械手	中国石油大学（华东）	31	2013-07-12
8	CN1897023A	G06Q10/00	水资源信息管理与规划系统	中国海洋大学	29	2006-06-29
9	CN1648233A	C12N1/14	海洋真菌裂殖壶菌OUC88 的工业应用	中国海洋大学	29	2004-12-08
10	CN101798909A	E21B19/09	海洋浮式钻井平台钻柱升沉补偿装置	中国石油大学（华东）	28	2010-04-01

第七章

山东省在海洋科学与技术领域的优势分析

从前面的章节中可以看出，以青岛海洋科学与技术试点国家实验室、中国海洋大学等为代表的山东省内的科研机构，在海洋科学与技术领域展现出了国内领先的实力和担当。山东省在国内各地区中究竟处在什么位置？山东省的优势领域究竟是什么？本章将借助科学计量学的方法进行分析和展现。

第一节　我国各地区在海洋科学
与技术领域的对比分析

为了识别山东省在国内的地位，首先统计我国各地区的发文量和被引次数情况。为此，将国内的主要科研机构对应到具体的地区，然后将这些论文进行加总，合计得到的总数即为该地区的总产量。

一、我国各地区在海洋科学领域中的发文量

表 7-1 中展现的是海洋科学领域我国各地区的发文量、被引次数和篇均被引次数。

表 7-1　我国各地区在海洋科学领域的发文和被引情况

地区	发文量/篇	被引次数/次	篇均被引次数/次	地区	发文量/篇	被引次数/次	篇均被引次数/次
山东	4 248	31 753	7.47	安徽	70	623	8.90
北京	1 993	11 725	5.88	海南	66	444	6.73
上海	1 982	24 373	12.30	河南	62	211	3.40
江苏	1 414	10 922	7.72	重庆	60	236	3.93
湖北	1 175	7 140	6.08	河北	49	154	3.14
浙江	1 123	6 138	5.47	吉林	44	128	2.91
福建	932	10 743	11.53	江西	36	310	8.61
辽宁	890	6 627	7.45	山西	26	37	1.42
广东	657	5 033	7.66	甘肃	25	86	3.44
香港	626	14 779	23.61	云南	19	107	5.63
天津	579	3 343	5.77	内蒙古	16	48	3.00
黑龙江	534	3 048	5.71	贵州	8	60	7.50
陕西	416	1 689	4.06	青海	8	11	1.38
台湾	293	4 373	14.92	西藏	5	47	9.40
湖南	108	779	7.21	澳门	4	43	10.75
四川	101	777	7.69	新疆	4	6	1.50
广西	84	478	5.69	宁夏	0	0	0

可以看出，山东在海洋科学领域中的发文量遥遥领先，共发表论文 4248 篇，其发文量甚至比排在第二位和第三位的北京（1993 篇）和上海（1982 篇）的发文量之和还要多。山东拥有中国唯一一所以海洋命名的双一流高校——中国海洋大学和唯一一所专门从事海洋研究的国家实验室——青岛海

洋科学与技术试点国家实验室，这两个机构的发文量就占了山东发文量的 3/4 以上。

其他在海洋科学领域发文量超过 1000 篇的地区还有江苏（1414 篇）、湖北（1175 篇）、浙江（1123 篇）。此外，福建、辽宁、广东、香港、天津等沿海地区的海洋研究也比较多。不过有一半以上的地区的发文量在 100 篇以下，贵州、青海、西藏、澳门、新疆和宁夏等地的发文量更是低于 10 篇。

二、我国各地区在海洋技术领域中的发文量

将我国海洋技术领域的论文映射到各地区，并按发文量的多少进行排序，可以展现各地区在该领域的表现，如表 7-2 所示。

表 7-2　我国各地区在海洋技术领域的发文和被引情况

地区	发文量 / 篇	被引次数 / 次	篇均被引次数 / 次	地区	发文量 / 篇	被引次数 / 次	篇均被引次数 / 次
上海	1 249	6 220	4.98	河北	31	70	2.26
辽宁	1 033	6 324	6.12	广西	29	226	7.79
江苏	985	4 227	4.29	安徽	25	119	4.76
山东	853	3 364	3.94	河南	23	91	3.96
黑龙江	611	3 070	5.02	江西	14	44	3.14
浙江	560	2 516	4.49	吉林	13	29	2.23
天津	493	2 017	4.09	海南	11	48	4.36
湖北	480	2 110	4.4	甘肃	11	133	12.09
北京	462	3 028	6.55	山西	9	12	1.33
陕西	199	791	3.97	云南	8	35	4.38
广东	166	598	3.6	青海	5	49	9.8
香港	165	1 708	10.35	澳门	5	43	8.6
湖南	110	576	5.24	贵州	2	29	14.5
福建	87	290	3.33	内蒙古	2	10	5
四川	73	755	10.34	宁夏	2	0	0

续表

地区	发文量 / 篇	被引次数 / 次	篇均被引次数 / 次	地区	发文量 / 篇	被引次数 / 次	篇均被引次数 / 次
台湾	65	459	7.06	新疆	0	0	0
重庆	56	210	3.75	西藏	0	0	0

上海的发文量排在第一位，其次是辽宁，两者的发文量均超过了 1000 篇。其中，上海主要研究海洋技术的机构为上海交通大学、高新船舶与深海开发装备协同创新中心，辽宁主要研究海洋技术的机构为大连理工大学和大连海事大学。江苏位列第三，发文量也接近 1000 篇。山东屈居第四，主要高产机构包括中国海洋大学和中国石油大学（华东）。还有部分地区的发文量低于 10 篇，可以忽略不计，如山西、云南、青海、澳门、贵州、内蒙古、宁夏、新疆和西藏。

三、我国各地区在海洋科学与技术领域的梯队分析

值得一提的是，山东省在海洋技术领域的表现与其在海洋科学领域的表现形成了较大的差距。在海洋科学领域，山东省高居首位，是排在第二位的北京的两倍还多，而在海洋技术领域，山东省的发文量规模仅排在第四位，仅为位居榜首的上海的 2/3 左右。图 7-1 展现了在对数坐标下我国各地区在海洋科学和海洋技术两个领域的发文情况。

此外，综合各地区在两个领域的表现情况，山东、上海、北京和江苏位列海洋科学与技术领域的第一梯队；其次是辽宁、浙江、湖北、黑龙江和天津，它们位列第二梯队，但与第一梯队的差距并不明显，尤其在海洋技术领域和第一梯队的地区不相上下。其后的广东、福建、香港、台湾等地，虽然地处沿海地区，但与前面的几个地区还存在一定的差距，尤其是在海洋技术领域。新疆、西藏、宁夏等内陆地区在海洋科学技术方面的实力比较弱，几乎可以忽略不计。

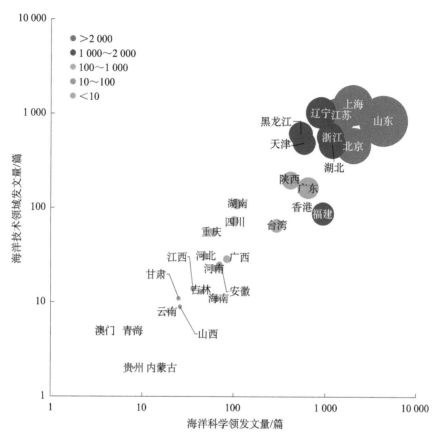

图 7-1　我国各地区在海洋科学和海洋技术领域的发文量对比

第二节　山东省在海洋科学与技术领域中的研究主题分析

山东省作为我国在海洋科学与技术领域的排头兵，在发文量和被引次数上都展现出了强大的实力，尤其是在海洋科学领域。为了进一步展现山东省在海洋科学与技术领域的优势，利用科学知识图谱的方法，绘制山东省在海洋科学和海洋技术领域的研究主题图谱。

一、山东省在海洋科学领域中的优势

如图 7-2 所示，山东省在海洋科学领域的研究主题可以形成四个聚类：①南海地区气候气象和洋流问题；②东海地区沉积物和群落结构等；③渤黄海地区的浮游植物营养素问题；④海洋温度和海洋生物的生长问题。

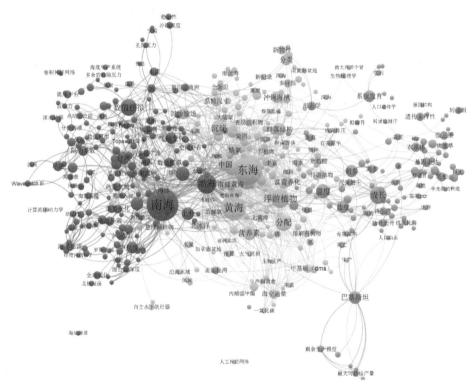

图 7-2　山东省在海洋科学领域的研究热点分布图

二、山东省在海洋技术领域中的优势

如图 7-3 所示，山东省在海洋技术领域的研究主题形成了三个聚类，主要是以离岸平台、涡激振动和波能等为研究对象，以数值模拟为研究方法。

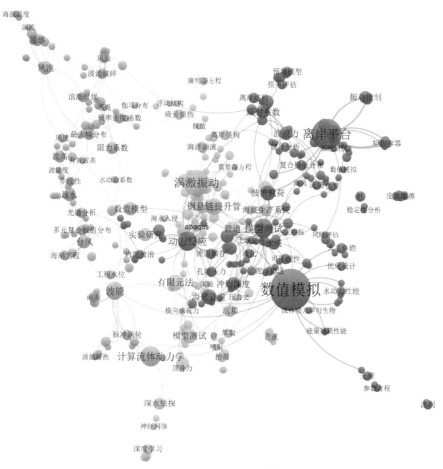

图 7-3　山东省在海洋技术领域的研究热点分布图

第三节　山东省在海洋科学与技术领域中的专利优势分析

山东省作为我国在海洋科学与技术领域的排头兵，在发文量和被引次数上都展现出强大的实力，尤其是在海洋科学领域。为了进一步展现山东省在海洋科学与技术领域的优势，利用科学知识图谱的方法，绘制山东省在海洋科学和海洋技术领域的研究主题图谱。

一、山东省在海洋科学与技术领域中的专利数量优势

本书统计了中国各地区的海洋专利分布情况。图 7-4 和图 7-5 分别展现了排名前 10 位的地区。从图中可以看出，专利申请排名前列的各个地区之间存在较大差异。山东省以绝对的优势居于首位，共申请专利 6514 件，占全国的近 1/6。江苏省、浙江省、广东省的专利申请量在 3000 件以上，组成第二梯队。此外，北京市、上海市、辽宁省、天津市、湖北省和福建省的专利量也都超过了 1000 件。

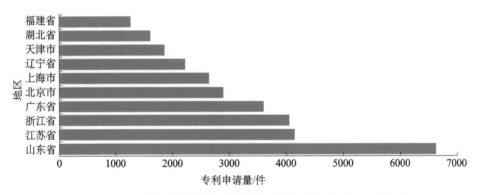

图 7-4　中国在海洋科学与技术领域专利申请量排在前 10 的地区

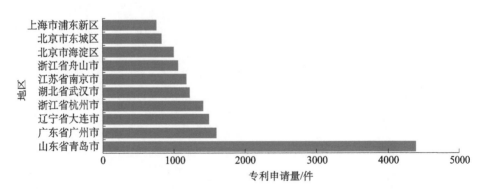

图 7-5　中国在海洋科学与技术领域专利申请量排在前 10 的地区

　　从城市的海洋科学与技术领域的专利申请量分布来看，青岛市以绝对优势位居全国首位，其专利申请量高达 4424 件，占全国海洋专利申请量的11.2%，占山东省的67.9%。排在第二位的是广州市，专利申请量约为1600件，仅为青岛市海洋专利申请量的1/3强。排在第三位的是大连市，专利申请量约为1500件。此外，杭州、武汉、南京、舟山等城市的专利申请量也比较多。

　　图 7-6 还展现了山东省各地级市在海洋科学与技术领域的专利申请量。青岛市高居首位，申请量占山东省的67.9%，远超过其他地级市。烟台市、威海市两个沿海城市的专利申请量也比较高，分别达到了 517 件和 421 件，甚至超过了省会城市济南市（322 件）。东营市（256 件）和潍坊市（116 件）的专利申请量也都超过了 100 件，相对较高。相比之下，鲁中、鲁西南等地区在海洋科学与技术领域的专利申请量较少，远低于沿海城市。

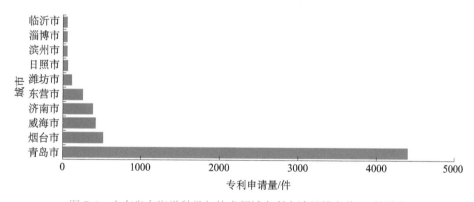

图 7-6　山东省在海洋科学与技术领域专利申请量排在前 10 的城市

二、山东省在海洋科学与技术领域中的主要专利机构

　　表 7-3 列出了山东省在海洋科学与技术领域申请专利数量最多的前十个机构，并给出了其发明人数、引用专利数、被引次数、引证率和技术独立性指标。这里的技术独立性指的是申请人引证自己专利的次数除以该申请人总共被引证的次数的比值。技术独立性表示机构技术研发内容与其他竞争机构的技术差异性。一般说来，技术独立性的数值越高，表示该机构独立研发的能力越强；技术独立性数值越低，表示该机构技术研发路线与其他机构的研

发路线相似度越高，发生专利侵权风险的可能性越高。

表7-3 山东省海洋科学与技术领域的专利机构

机构名称	专利件数/件	发明人数/人	引用专利数/件	被引次数/次	引证率	技术独立性
中国海洋大学	859	1656	1890	1152	1.34	0.122
中国科学院海洋研究所	487	567	1188	757	1.55	0.159
中国石油大学（华东）	273	738	1080	456	1.67	0.118
山东省科学院海洋仪器仪表研究所	236	335	349	284	1.20	0.077
自然资源部第一海洋研究所	154	351	393	311	2.02	0.058
中国水产科学研究院黄海水产研究所	141	267	378	292	2.07	0.158
山东大学	130	261	303	144	1.11	0.153
山东科技大学	126	326	298	75	0.60	0.133
青岛海芬海洋生物科技有限公司	117	24	264	232	1.98	0.043
中国地质调查局青岛海洋地质研究所	103	121	292	60	0.58	0.200

专利数量排在第一位的是中国海洋大学，共申请专利859件，远高于其他机构，发明人数共1656人，引用专利1890件，被引1152次，平均每件被引1.34次，技术独立性为0.122。排名第二的是中国科学院海洋研究所，共申请专利487件，有567位发明人，引用专利1188件，被引757次，平均每件被引1.55次，技术独立性为0.159，相对较高，说明独立研发能力较强。排名第三的是中国石油大学（华东），共申请专利273件，有738位发明人，引用专利数为1080件，被引456次，平均每件被引1.67次，技术独立性为0.118。

从引证率即平均每件被引次数来看，被引次数相对较高的是中国水产科学研究院黄海水产研究所和自然资源部第一海洋研究所，而中国地质调查局青岛海洋地质研究所和山东科技大学相对较低。

观察表7-3中排在前5位的机构在1989～2020年的专利申请量的增长趋势（图7-7），可以看出中国海洋大学和中国科学院海洋研究所起步较早，并一直处于领先地位，而其他三个机构起步较晚，在2010～2020年开始增长，未来有望接近或超过中国科学院海洋研究所。

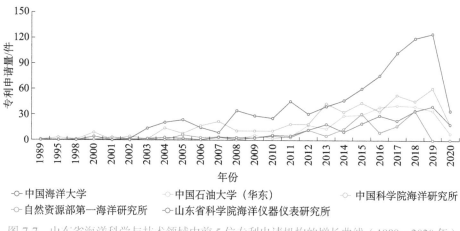

图 7-7 山东省海洋科学与技术领域中前5位专利申请机构的增长曲线（1989～2020年）

三、山东省在海洋科学与技术领域中的专利优势领域

与整体趋势不同，山东省在C部和G部两个领域的海洋专利数相对较多，其次是A部和B部。这四个类别的专利占比都超过了10%，所细分的IPC大类、小类等也较多（图7-8）。这一点与全球海洋领域更侧重B部和G部有所

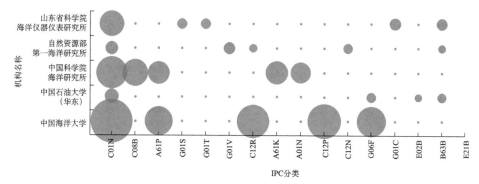

图 7-8 山东省海洋科学与技术领域中主要专利申请机构的研发重点分布

G01N—材料测定分析　C08B—多糖类　A61P—药物制剂的特定治疗活性

G01S—无线电定向或导航　G01T—核辐射或X射线辐射的测量　G01V—物质与物体探测

C12R—微生物相关　A61K—医用配制品　A01N—动植物保存

C12P—发酵或使用酶合成化合物　C12N—微生物或酶　G06F—电数字数据处理

G01C—测量距离、水准或者方位　E02B—水利工程　B63B—船舶　E21B—土层岩石钻进

不同（表 7-4）。从图 7-9 IPC 的大类分布来看，山东省的优势领域主要集中在 G01N（材料测试分析）、B63B（船舶）、A01K（渔业）和 A61K（医用配置品）等领域。

表 7-4　山东省海洋科学与技术领域的专利申请量分布（2016～2019 年）

IPC 代码	专利申请量 /件	占申请总量百分比 /%	IPC 大类 /个	IPC 小类 /个	IPC 小组 /个
C 部	1584	19.14	16	52	1666
G 部	1558	18.83	11	39	753
A 部	1291	15.60	11	42	1038
B 部	892	10.78	25	55	838
E 部	507	6.13	7	16	327
F 部	434	5.24	14	42	454
H 部	180	2.17	5	23	262
D 部	56	0.68	7	13	114

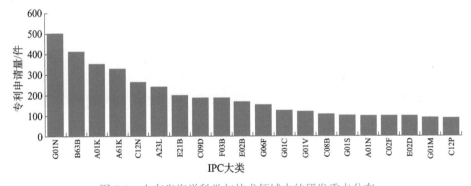

图 7-9　山东省海洋科学与技术领域中的研发重点分布

G01N—材料测定分析　B63B—船舶　A01K—渔业

A61K—医用配制品　C12N—微生物或酶　A23L—食品食料制备

E21B—土层岩石钻进　C09D—涂料或浆料　F03B—液力机械或发动机

E02B—水利工程　G06F—电数字数据处理　G01C—测量距离、水准或者方位

G01V—物质与物体探测　C08B—多糖类　G01S—无线电定向或导航

A01N—动植物保存　C02F—废水污水处理　E02D—挖方或填方

G01M—机器或机构部件平衡测试　C12P—发酵或使用酶合成化合物

专利优势领域的分布并非一成不变的，图 7-10 展示了 2014 年前后的排序变化。在 2014 年及之前，A61K（医用配置品）、A01N（动植物保存）等排在靠前的位置，而 2014 年之后则让位于 G01N（材料测试分析）、B63B（船舶）、A01K（渔业）等领域。图 7-11 进一步展现了这种变化的趋势。从

图中可以明显看出，A61K（医用配置品）在 2013 年之后经历了明显的下降，而 G01N（材料测试分析）、B63B（船舶）两个领域则经历了一次快速的增长。

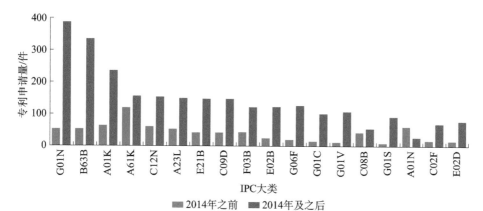

图 7-10　山东省海洋科学与技术领域中的研发重点的变迁

G01N—材料测定分析　B63B—船舶　A01K—渔业

A61K—医用配制品　C12N—微生物或酶　A23L—食品食料制备

E21B—土层岩石钻进　C09D—涂料或浆料　F03B—液力机械或发动机

E02B—水利工程　G06F—电数字数据处理　G01C—测量距离、水准或者方位

G01V—物质与物体探测　C08B—多糖类　G01S—无线电定向或导航

A01N—动植物保存　C02F—废水污水处理　E02D—挖方或填方

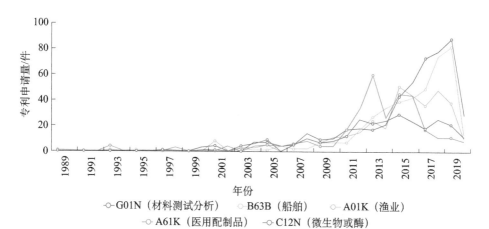

图 7-11　山东省海洋科学与技术领域中的研发重点的演变

第八章

未来发展海洋科学与技术的政策建议

海洋科学与技术所包含的研究内容和技术应用十分广泛，拥有巨大的发展前景。海洋科学与技术作为面向未来的战略性学科，正受到各国科学家越来越多的重视，海洋科学与技术也逐渐成为世界各国的竞争点之一。各国也制定了发展海洋科学与技术的相关政策建议。

第一节　海洋科学与技术领域发展的前景展望

作为 21 世纪人类社会可持续发展的"第二疆土"，海洋资源对环境、生态和人类的开发价值已经有目共睹。而海洋科学与技术就是打开海洋之门的钥匙，大力发展海洋科学与技术，不断提高认识海洋、开发海洋的能力和水平，已经成为世界各沿海国家的普遍共识。发展海洋科学与技术对确保国家安全、维护国家海洋权益、推动国民经济和社会发展，最终实现国家战略目标和增加人类福祉，具有重要的现实意义。

虽然关于海洋科学与技术的基础研究已经过了多年的研究积累，但是我们对海洋的认识却仍不够充分、不够深入。人类对海洋的探测仅仅有 5% 左右，还有 95% 的未知领域等待着我们去进一步探索。关于海洋科学与技术的基础研究发展空间巨大，由此在海洋相关的开发和应用上也存在广阔的发展前景。关于海洋科学与技术领域的前景展望，主要通过基础研究和应用研究两方面展开。

一、基础研究

海洋是一个相当复杂的系统，包括海水、海水中的物质、海洋生物、海底沉积和海底岩石圈，以及海面上的大气边界层和河口海岸带等。海洋一直处在不断的变化中，一些海洋现象的变化速度甚至超出我们的认知速度。了解海洋的变化，揭示海洋的变化规律和原因并给出解决方法，是海洋科学基础研究的核心问题。海洋科学的学科进一步综合以及相关的细分研究领域更加深入，是海洋科学未来可以进一步发展的必然趋势。

海洋科学是一门综合性非常强的学科，所涉及的研究领域非常广泛，不仅包括物理学、化学、生物学、地质学等，而且涉及交叉学科的内容，分支领域内的研究也日益增多。物理海洋学是以物理的方法研究海洋中各种要素的变化特征和规律的。在近年来的研究中我们发现，物理海洋和生物、化学、生态等多学科之间的交叉研究也逐步成为热点。海洋的物理过程对海洋生态、渔业、海洋污染的影响也有大量的权威研究成果，人类面临的气候和环境难题，也需要结合物理海洋学中的研究方法去解决。中国的化学海洋研究已经逐步赶上国际前沿，新的研究目标是创新和发现，从跟踪接轨型逐步转为超越创新型。中国海底蕴藏的油气资源非常丰富，海洋地质学的研究工作也将更为扩大和深入，为海底资源的勘探和利用做出更多贡献。关于海洋生物学的研究将会是宏观与微观方面的密切结合和全面展开：宏观方面，海洋生态系统结构、功能变化、生物多样性等受到更多的重视；微观方面，海洋生物和繁殖与活性物质也成为重要的研究内容。

二、应用研究

当前我国还处于发展中阶段，人口数量众多，人均资源相对较少。我国虽拥有丰富的海底资源，但是开发率和利用率极低。如何全面而高效地开发和利用海洋，是全人类共同面对的一大难题，各个国家也抓紧部署了对海洋的开发工作。这一难题需要通过发展海洋科学与技术，大力发展海洋产业，有计划、有重点地去解决。

海洋资源开发和利用是海洋科学与技术中的一项非常重要的应用。我国淡水资源匮乏，发展海水综合利用技术可以解决淡水资源短缺的问题，包括提高海水资源的利用率、提高海水淡化的转化率、降低海水淡化设备的成本。海底蕴藏着丰富的矿产资源，以及海洋本身蕴藏着的能源潜力，非常值得进一步探索和挖掘。随着沿海经济的快速发展，海洋生态环境检测和污染管理也急需得到相关技术的支持。我们对海洋的探索和感知，在很大程度上需要依靠海洋检测装备的研发和观测技术的进步，建立智能化检测系统是未来的重点。关于海底生物资源利用以及海洋生物养殖、免疫、转基因等方面都有一定的突破。

第二节　我国发展海洋科学与技术的政策建议

各国为了促进海洋科学与技术的自主创新，采取了不同的管理政策和措施。现代海洋的开发利用活动逐渐成为热潮，并在海洋工作中和前沿研究及高新技术成果进行融合，海洋的开发利用程度与海洋科学与技术领域的创新和产业化程度息息相关。海洋科学与技术是一个国家的海洋产业竞争力的重要标志。中国是一个海洋大国，然而我国的海洋科学与技术力量还相对薄弱，所以我们要抓住重点发展海洋科学研究和技术创新。面对变幻莫测的海洋环境以及愈发严重的海洋环境与资源问题，部署海洋研究的力量才是关键环节。

一、重点发展海洋科学领域学科，做好学科交叉和融合工作

世界范围内关于海洋科学领域的研究热点中，不仅包括海洋学、生态环境、地质学、生物学等数十个传统研究方向，而且在基因遗传学、生物化学分子生物学、生物多样性等研究方向中也展开了大量的研究。由于海洋生态系统的复杂性和整体性，多学科交叉、多理论互通、多技术融合已成为海洋科学领域新的研究趋势。而我国在海洋科学领域的新型研究方向中的文献数量较少，需要加强海洋气象与大气科学、地球流体力学、基因遗传学、海洋生物多样性保护、区域海洋预报等方向的研究深度。随着研究深度和广度的增加，以及新兴学科的发展，海洋科学领域的研究会更加丰富和深入。在关注基础研究的同时，也需要加强对新兴海洋交叉学科的建设，鼓励跨学科研究的合作和交流。积极建设一系列国家级实验室和行业实验室，积极参与国际海洋科学与技术合作和交流，搭建国际交流平台，从逐步追赶国际脚步到引领国际研究前沿，推进海洋科学与技术基础研究的发展。

二、以系统的角度研究海洋，加强海洋环境检测

海洋科学具有大科学的特点，是物理、生物、化学、地质环境等学科的综合体现。海洋的各个要素是密切关联的，相互作用、相互影响。海洋是一个复杂的系统，我们可以将海洋问题联系在一起，围绕同一个问题，结合不同学科知识，形成一个有机整体展开研究。虽然海底是未知的世界，但是却和陆地、近海息息相关，是各个圈层相互作用的结果。海洋检测技术和装备的进步，可以增强我们对海洋系统性的认知和感知。在进行海洋开发的同时，需要提高海洋环境保护的意识，防止海洋污染和危害海洋生态环境的行为，保证海洋资源的可持续使用。维护海洋生态环境不仅包括保护近海海域

生态和环境，还包括维护海洋生物多样性和平衡、污水处理和有害物质吸附转化技术等。海洋信息技术对海洋环境的检测工作具有十分重要的作用和手段，应尽快发展卫星观测、生态与环境检测、海上突发事件处理、灾害预报等。除此之外，沿海地区是海洋开发活动的主要场所，也是导致海洋污染的源头地区，应该重视沿海带的环境变化规律、污染物排放等一系列问题。

三、高效开发利用海洋资源，促进海洋产业化

海洋研究和开发是海洋工作中的一项核心内容，我国海底资源含量丰富，但是海底资源开发率和利用率还远远低于陆地资源的开发率和利用率。海洋生物技术、海水养殖技术、海水淡化技术、深海采矿技术、油气勘探开采技术等创新发展，都有助于我们进一步开发利用海洋。国家海洋局和科学技术部在《全国科技兴海规划（2016—2020年）》中指出："到2020年，形成有利于创新驱动发展的科技兴海长效机制。"我们倡导创新驱动海洋技术，以战略性的眼光发展海洋技术。部分沿海经济区的海洋经济收入对海洋科学与技术的投资能力弱，可持续发展率较低。鼓励长三角地区等沿海地区充分整合海洋科学与技术资源，根据市场需求合理配置海洋科学与技术资源，海洋投入和产出结构调整为合理区间内，建立良性的海洋科学与技术发展循环机制，打开海洋科学与技术领域的大门，为海洋科学与技术注入新鲜血液。不断完善海洋科学与技术的孵化环境，扩宽海洋经济的发展渠道，打造以中心辐射四周的沿海经济发展局面，推动海洋科学与技术的创新驱动发展，促进海洋产业的快速发展和产业升级。

四、构建海洋协同创新平台，提高成果转化率

海洋科学与技术领域应借助国家力量推动海洋协同创新中心的平台建设工作，整合海洋科学与技术的资源，进行科研机构、国家实验室、企业研发中心各方共享，优化海洋科学与技术研发设施体系的运转效率，改善海洋科学与技术协同创新平台结构。制定合理的海洋经济发展战略和政策，依靠政府制定的海洋科学与技术领域相关政策，发挥国家级和省级重点计划基金的

作用，重点资助海洋领域内的基础研究方向和前瞻性的研究领域。鼓励引进民间资本，充分利用资本市场的力量，实现科研院所和企业的高效对接。采用产学研一体化的联合开发体系，通过政府、企业、高校和科研机构的大力支持，形成具备核心科研竞争力的科技研发体系。积极推进海洋产业化，合理配置海洋资源，将研究成果高效推向市场。

五、完善政府海洋管理体制和相关政策规划

首先，需要加强海洋管理的相关法律法规，加强立法环节；规范建设执法队伍，加大执法力度。其次，要建立适合中国特色的政府海洋管理体制，构建政府相关涉海部门，提高政府海洋公共服务的能力。通过海洋政策和发展规划的形式，以及加强对海洋科学与技术发展进行政府宏观调控和管理工作，加强各个海洋经济区之间的资源协调，优势互补，解决各地区海洋科学与技术领域发展不均衡的问题。政策上可以通过一定的激励机制吸引海洋科技人才，制定人才培养计划，提供充足的科研经费，鼓励科研机构自主创新；为企业降低融资门槛，鼓励企业和科研机构进行合作，积极创新，加快海洋产业成果的产出和转化，构建投入—产出—转化一体的产业链条政策体系。

第三节　山东省发展海洋科学与技术的政策建议

中国是海洋大国，海岸线绵长，而作为沿海经济大省的山东，地理位置优越，海洋资源丰富。2011 年国务院正式批复《山东半岛蓝色经济区发展规划》是山东半岛沿海经济区建设的重要标志，标志着山东省的海洋经济发展迎来了战略性的发展机遇。机遇和挑战并存，山东半岛的海洋经济也存在着

很多发展上的问题亟待解决：海洋环境的恶化，海洋资源的开发利用，都是不可小觑的挑战。传统的发展方式已经不再满足现在海洋经济的发展需要，山东省的海洋科学与技术领域需要深入开发升级，实现可持续发展战略。

一、构建涉海公共科技创新平台体系，实现资源共享协同合作

科技创新平台是科技创新体系的重要体系，可以为基础科学和应用研究、科技成果转化以及产业化提供必需的科技创新软、硬环境。加速涉海重大科技创新平台的构建是《山东半岛蓝色经济区发展规划》的重要内容，对山东省海洋经济建设具有重要意义。构建较为完善的平台体系，有利于整合优化海洋科学与技术资源，提升海洋科学与技术创新能力，为山东半岛沿海经济区提供支持。以国家创新平台和各省创新平台为建设主体，以国家战略和区域经济发展为建设目标，构建一个依托高校、科研院所以及企业的研发转化平台，以及政府推出的海洋科技服务管理平台，官产学研协同发展、充分合作，共同组成山东半岛海洋科学与技术创新平台体系，实现资源共享、协同合作。共同解决海洋产业面临的可持续发展问题，以及山东省海洋科学与技术领域存在的区域、行业、结构分布不均衡的问题。提高科技自主创新能力和成果转化能力，突破海洋产业发展的核心技术和关键技术，引领并支持山东半岛蓝色经济区的建设。

二、培养海洋科技人才队伍，打造复合型人才

中央和各地方政府素来重视科技人才队伍的建设和培养，人才兴海、科技兴海成为迈向海洋强国的道路中的必要一环。完备的海洋人才政策体系对海洋科学与技术领域的发展具有重要价值。当今的海洋事业对海洋人才的需求越来越多，形成了巨大的人才缺口，因此需要制定对应海洋人才政策并逐步进行完善的人才政策体系。重视全民海洋基础教育的推广和普及，树立全民族海洋意识，培养海洋权益意识。创造良好的人才培养环境，加强优秀海洋人才的引进，制定人才引进计划，实现海洋人才数据库的构建，对关键

技术方向重点引进海洋人才。鼓励高校和企业共同培养海洋人才的模式，引导培养成为满足海洋产业需求的专业性人才；鼓励高校和科研院所的一部分科研人员专业从事科技成果转化；政府统一选派海洋科技人才到科研机构兼职，从而在产学研官军等多方面加强对海洋人才的培养。

三、打造世界一流水平海洋学科，促进自主创新

经过多年的科技积累，山东省海洋学科配套齐全，形成了以海洋应用基础和高技术研究为主的特色海洋科技。但根据国家提出的海洋战略和学科发展的需要，山东省需要大幅度提高海洋科学与技术创新能力。山东省面向国际海洋研究前沿，提高海洋学科的原始创新能力，促进海洋学科的全方面发展，加强国际科研机构的合作和交流。同时，山东省也要重点关注海洋科学领域的新兴学科，加强跨学科之间的交流与合作，促进海洋科学的学科交叉和融合。可以发现，国家级重大科技计划海洋项目基本集中于山东省青岛市，尤其是中国海洋大学和中国科学院海洋研究所也位于青岛市，全省创新资源高度集中。在优秀科研院所的带动下，其他机构奋起直追，共同营造良好的研究氛围；建设海洋科学与技术国家实验室计划，强化实验基地的建设工作，大力提高科技创新水平和科研装备水平；增加海洋科学研究经费，努力使海洋科技成果在国家级奖项中冲击问鼎；建设一批由知名海洋专家带领的优秀海洋人才队伍，建成世界一流海洋机构，研究成果达到国际领先水平，跻身国际顶尖海洋研究中心。

四、推进海洋科学与技术成果的转化，支撑海洋产业化

山东省的海洋科学与技术理论创新优势十分明显，海洋科研教学单位普遍和企业建立了紧密的技术合作关系，但是这些研究机构自办的海洋科学与技术企业的营业额在海洋市场规模中的占比微乎其微。丰富的理论创新和科技成果难以满足海洋企业的需求，雄厚的海洋科学与技术难以转化为现实的海洋产业和海洋经济优势。山东省的高校和科研机构对海洋人才的培养是比较注重的，但是在成果产出上还没有形成以市场为导向的科研模式，可转化

的专利成果数量有限。这就导致了虽然海洋科学与技术成果产出颇丰，但科技成果的成熟度不够，这也反映出高新技术产业化的不足。因此在注重人才培养的同时，山东省需要加强海洋科学与技术和海洋产业的密切融合，推动科技成果转化列入人才评价指标；支持大学和企业共同培养人才模式，多渠道引进复合型人才投入科技成果转化的工作中；建立海洋科学家和企业家的互信和对接机制；搭建研发和转化的资源共享平台，鼓励企业探索海洋领域高新技术产业，加强科技、人才、资金的全方位密切合作，连通海洋科学与技术和海洋产业之间的桥梁，实现资源共享，推进海洋科学与技术成果的高效转化。参与鼓励头部企业探索建立海洋产业高新技术园区，实现资金、技术、资源、人才的产业链条，快速对接大量科技成果，打造创新驱动的产业项目。

五、政府不断完善海洋科学与技术领域相关政策

山东省应增加海洋产业计划项目的扶持力度，以市场需求和地方经济为导向，重点加强技术的提升和改良；鼓励龙头企业和中小企业大胆尝试，勇于自主创新，鼓励企业优先使用自主研发产品；重点扶持中小企业，在税收和政策方面给予一定程度的空间；加强人才引进、人才培养、人才激励政策，如建立海洋人才专项基金，制定激励科研人员的方案；推动科技成果转化指标可作为职称、职级晋升条件，列入人才评价指标体系中，推动海洋人才的成长和发展，完善海洋人才政策评估体系；提高海洋科学与技术自主创新能力，以及自主知识产权的研发力度，围绕海洋经济发展的关键技术和共性技术，加快海洋科技人才的队伍建设，增强海洋企业的市场竞争力，运用高新技术使传统企业进行升级转型，为海洋产业化结构调整提供支持。